普通高等教育智能制造系列教材

运动控制系统及应用

主　编　孙　鹏　唐冬冬

副主编　高芦宝　李玉川

参　编　张　宇　韩思奇　王青云

机械工业出版社

本书系统地介绍了机器人先进控制器的设计和分析方法，是作者多年从事机器人控制系统教学和科研工作的结晶，同时融入了国内外同行近年来的先进成果。本书内容包含多轴运动控制系统实训平台认知、伺服系统基础运动控制设计、伺服系统同步运动（电子齿轮）设计、伺服系统协同运动（电子凸轮）设计、伺服系统平面插补运动设计、伺服系统空间插补运动设计、工业机器人结构和运动控制、典型六轴工业机器人设计和附录。本书各部分内容既相互联系又相互独立，可根据自己需要选择学习。本书可作为高等院校工业自动化、自动控制、机械电子、自动化仪表、计算机应用等专业的教学用书，也可供从事生产过程自动化、计算机应用、机械电子和电气自动化领域工作的工程技术人员参考。

图书在版编目（CIP）数据

运动控制系统及应用/孙鹏，唐冬冬主编. —北京：机械工业出版社，2022.12

普通高等教育智能制造系列教材

ISBN 978-7-111-72370-7

Ⅰ.①运…　Ⅱ.①孙…　②唐…　Ⅲ.①自动控制系统-高等学校-教材　Ⅳ.①TP273

中国国家版本馆 CIP 数据核字（2023）第 059412 号

机械工业出版社（北京市百万庄大街 22 号　邮政编码 100037）

策划编辑：丁昕祯　　　　　　　责任编辑：丁昕祯

责任校对：王荣庆　陈　越　　　封面设计：张　静

责任印制：单爱军

北京虎彩文化传播有限公司印刷

2023 年 8 月第 1 版第 1 次印刷

184mm×260mm · 10.25 印张 · 251 千字

标准书号：ISBN 978-7-111-72370-7

定价：38.00 元

电话服务　　　　　　　　　　　网络服务

客服电话：010-88361066　　　机 工 官 网：www.cmpbook.com

　　　　　010-88379833　　　机 工 官 博：weibo.com/cmp1952

　　　　　010-68326294　　　金 书 网：www.golden-book.com

封底无防伪标均为盗版　　　机工教育服务网：www.cmpedu.com

前　言

工业机器人是广泛应用于工业领域的多关节机械手或多自由度的机器装置，是一种可以将人类从繁重、危险或单调的劳动解放出来，代替人类在恶劣环境下工作的自动机械。工业机器人可依靠动力能源系统和运动控制系统实现各种工业加工制造功能。工业机器人对国民经济和国家安全具有重要的战略意义，具有广阔的应用前景和市场，在电子、物流、化工、自动化等工业领域已得到广泛的应用。伺服电动机作为工业机器人的核心部件，在工业机器人运动控制中起着重要的作用，机器人的驱动与伺服系统密不可分。

本书以驱动机器人运动的伺服控制系统研究为基础，选取国内先进的品牌机器人控制器，设计开发机器人运动控制系统开发平台。基于此开发平台，可以完成伺服控制系统的多种运动控制设计和工业机器人的运动控制设计，并在此基础上练习典型工业机器人控制系统的设计开发。根据相关知识结构和理论体系，全书分为8章。第1章介绍多轴运动控制系统实训平台的组成和系统认知，并介绍工业机器人的相关知识；第2章介绍伺服系统基础运动控制设计；第3章介绍伺服系统同步运动设计，即电子齿轮控制系统设计；第4章介绍伺服系统协同运动设计，即电子凸轮控制系统设计；第5章介绍伺服系统平面插补运动设计；第6章介绍伺服系统空间插补运动设计；第7章介绍工业机器人结构和运动控制；第8章介绍典型六轴工业机器人设计。

本书严格遵循行业标准与职业规范，按照技术技能人才培养的规律，通过做学结合，由浅入深地引导学生完成实训任务。通过讲解伺服系统在工业机器人控制领域的设计和使用方法，培养"强基础、善应用、勇创新"的高素质技术人才。

本书由教学经验丰富的一线高校教师和企业专家共同策划编写，兼顾日常教学与技术培训，力求使本书内容贴近工业实际，提高学习者的实践技术应用能力，丰富学习者的实践知识，拓宽工程实践视野。

本书由天津中德应用技术大学孙鹏、遨博方源（北京）科技有限公司总工程师唐冬冬担任主编，参加编写的人员还有高芦宝、李玉川、张宇、韩思奇、王青云。编写人员具体负责的章节如下：孙鹏、唐冬冬编写第1章、第2章，高芦宝编写第3章、第4章，韩思奇、高芦宝编写第5章、第6章，张宇、韩思奇编写第7章、第8章，李玉川、王青云编写附录。

编写过程中，编者参考了同类专业书籍和文献资料，并且获得了遨博方源（北京）科技有限公司的大力支持，在此表示真诚的感谢！

由于编者水平有限，书中难免有疏漏之处，请读者朋友批评指正，如有问题请发送邮件至 sunpeng_1231@163.com。

编　者

目 录

第1章 多轴运动控制系统实训平台认知

本章主要介绍多轴运动控制系统实训平台的基本结构、硬件组成、各组成部分的功能及作用，以及开发平台的软件系统。最后介绍实际生产中应用广泛的多轴运动控制系统——工业机器人的发展情况、特点及分类。

1.1 开发平台硬件组成

多轴运动控制系统实训平台主要分为控制区、显示区、操作区、扩展区。控制区主要由控制器和电源控制模块组成，电源控制模块包括电源开关、工作及报警指示灯、急停按钮以及伺服系统供电空开等电气元件，多轴运动控制系统实训平台的主要控制功能在本区域实现；显示区布置6台伺服驱动器和伺服电动机组成的伺服系统，用于观察控制程序的实际控制效果；操作区安装示教器，以便于操作开发平台；扩展区布置了多轴运动控制系统实训平台使用过程中可能会使用到的按钮和指示灯，用户可通过快插导线自由与控制器输入输出信号连接使用，另外平台还可以通过微型计算机实现程序开发和实验效果监控。多轴运动控制系统实训平台整体布局如图1-1所示。

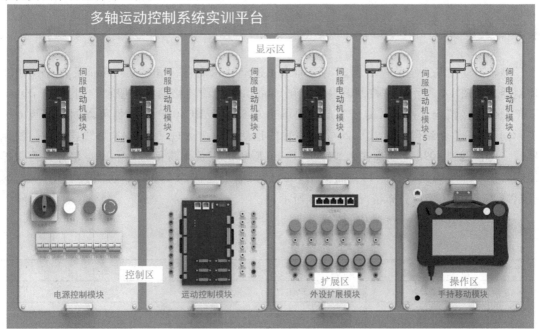

图 1-1　多轴运动控制系统实训平台

多轴运动控制系统实训平台的控制核心是深圳市正运动技术有限公司的 ZMotion 系列六轴运动控制器，如图 1-1 中运动控制模块区域所示。控制器根据用户编辑好的程序指令控制伺服驱动器，间接驱动伺服电动机完成对各伺服电动机的运动控制。该控制器与伺服驱动器之间的数据指令传输使用 EtherCAT 网络通信，控制器数字量输入输出端子及其他接口可用作控制系统的外部设备扩展，所有扩展接口均以快插接头形式布置在运动控制器周围，方便用户直接插接使用。控制器还有其他多种通信接口，EtherNET 接口可实现用户的远程或在线控制，RS232 接口可以连接触摸屏或者机器人示教器，整体多轴运动控制系统实训平台架构图如图 1-2 所示。

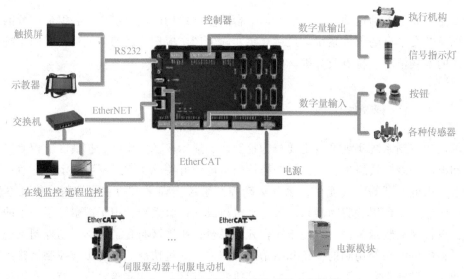

图 1-2　多轴运动控制系统实训平台架构图

1.2　实训平台控制器认知

多轴运动控制系统的控制器选用深圳市正运动技术有限公司的 ZMotion 系列 ZMC406R 控制器，如图 1-3 所示。该控制器有脉冲和 EtherCAT 总线连接两种伺服轴控制方式，EtherCAT 总线连接情况下控制器刷新周期最短可达 0.5ms。ZMC406R 控制器可以同时实现 6 个实际伺服轴、6 个编码器轴以及 20 个虚拟轴的运动控制。通过 EtherCAT 总线连接时，控制器最多可扩展到 4096 个隔离输入或输出口，伺服轴的正负限位信号口和原点信号口可根据使用者需要配置为任意输入口，而输出口的最大输出电流为 300mA，可直接驱动电磁阀。控制器 ZMC406R 接口分布情况如图 1-3 所示。

控制器 ZMC406R 各接口功能见表 1-1。

表 1-1　控制器 ZMC406R 接口功能表

序号	标识	主要功能	备注
1	RS232	232 串口接口	1 个
2	UDISK	U 盘插口	1 个
3	EtherCAT	EtherCAT 网络通信接口	1 个

（续）

序号	标识	主要功能	备注
4	ETHERNET	以太网接口	1 个
5	DA	模拟量输出接口	2 个,0~10V 模拟量输出
6	RS485	485 通信接口	1 个
7	CAN	CAN 通信结构	1 个
8	STSTUS	状态指示	状态显示包括:电源/运行/报警
9	OUT	通用输出接口	12 个,输出 0 和 1 具备 PWM 功能
10	IN	通用输入接口	24 个,输入 0 和 1 具备锁存输入功能
11	AXIS	脉冲轴信号接口	6 个
12	ES	电源接口	24 直流电源供电

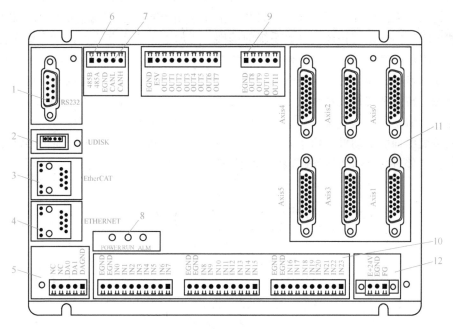

图 1-3　控制器 ZMC406R 接口分布情况示意图

　　控制器对伺服轴的运动控制方式主要包括：单一伺服轴的点动控制与定位控制；多伺服轴的电子齿轮（同步）控制与电子凸轮（协同）控制；多伺服轴的直线插补控制与平面或者空间曲线插补控制。在完成这些运动控制时控制器可以实现仿真调试和在线调试，调试完成后还可以通过各种操作系统或者无操作系统终端进行程序在线控制。除了上述典型运动控制方式，ZMC406R 控制器还支持多种类型的工业机器人开发应用，在控制器实际运动控制伺服轴数条件限制下，单一的控制器可以控制多个工业机器人同时运行。

1.3　实训平台伺服系统认知

　　多轴运动控制系统实训平台的另一个重要组成部分是伺服系统。伺服系统广泛应用于各个领域，如数控机床的定位控制和运行轨迹控制、雷达和武器的自动跟踪、工业机器人的关节动作控制等。伺服系统是工业、科技以及国防等领域必不可少的，是运动控制系统的重要组成部分。多轴运动控制系统实训平台选用研控自动化科技有限公司的伺服控制系统，伺服电动机型号为 ASMJ-06-0230B-G321，该电动机额定功率为 200W，额定转速为 3000r/min，额定电压为 220V；伺服驱动器型号为 AS2-02BNI，连续输出电流为 1.6A，最大输出电流为 5.8A，采用 EtherCAT 总线通信方式。

广义的伺服系统指的是能够精确跟踪或复现某个给定过程的控制系统，也称为随动系统。而狭义伺服系统又称位置随动系统，其被控制量（输出量）是负载位置的线位移或角位移，当位置给定量（输入量）变化时，系统控制输出量快速而准确地复现给定量的变化。

伺服系统可以分为开环控制系统、半闭环控制系统和全闭环控制系统三种形式。开环伺服系统仅根据指令驱动伺服电动机和传动机构，不对实际位置进行反馈控制，没有位置检测装置，结构简单，成本较低。但是开环伺服系统的控制精度依赖于伺服系统本身的传动精度，一般情况下无法保证，所以开环伺服系统主要应用于对位置控制精度要求不高的场合。半闭环和全闭环伺服系统在开环伺服系统的基础上增加了位置反馈装置，位置反馈装置可以实现位置的闭环控制，得到更高的位置控制精度。半闭环伺服系统位置反馈信号来源于执行机构即电动机转轴，而全闭环伺服系统位置反馈信号则来源于机械传动机构输出环节。闭环伺服系统还对转速和转矩（电流）进行反馈和闭环控制，作为位置控制的内环，以保证伺服系统良好的精度和跟随性能。

伺服系统由伺服电动机、功率驱动器、控制器和传感器四部分组成。而传感器除了位置传感器外，可能还需要电压、电流和速度传感器。以位置伺服系统为例，其系统结构如图 1-4 所示。

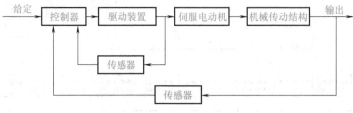

图 1-4　位置伺服系统结构图

1. 伺服电动机

伺服电动机是伺服系统的执行机构，在小功率伺服系统中多用永磁同步伺服电动机或开关磁阻伺服电动机。当功率较大时，也可采用电励磁的直流或交流伺服电动机，目前常用的是交流伺服电动机和直流无刷伺服电动机。

2. 伺服系统功率驱动器

功率驱动器的主要作用是将功率放大，根据不同的伺服电动机，输出合适的电压和频率，从而控制伺服电动机的转矩和转速，满足伺服系统的实际需求，以达到预期的性能指标。由于伺服电动机需要四象限运行，故功率驱动器必须是可逆的，中、小功率的伺服系统常用 IGBT 或 Power-MOSFET 构成的 PWM 变换器。

3. 伺服系统控制器

控制器是伺服系统的关键，控制器根据位置偏差信号，经过必要的控制算法，产生功率驱动器的控制信号。伺服系统控制器经历了由模拟控制向计算机数字控制的发展历程。

早期的伺服控制系统采用模拟的控制器和位置传感器，系统的定位精度和性能控制效果不理想。计算机控制技术的发展改变了这一现象，计算机数字控制技术应用于伺服系统，逐步取代了模拟控制的伺服系统，并逐渐成为伺服系统控制的主流方式。计算机数字控制可以实现数据通信、复杂的逻辑和数据处理、故障判别等功能，性能远超模拟控制方式，再配以高精度的数字位置传感器，使伺服系统的定位精度和动态性能得到改善和提高。

4. 伺服系统传感器

传感器是指能够感受规定的被测量，并按一定规律转换成可用输出信号的器件和装置。传感器是实现自动检测和自动控制的首要环节。在伺服控制系统中，传感器是指位置传感器，它可以将执行机构的实际位移（直线位移或者转角位移）检测出来，并转换成模拟信号或数字信号，然后通过相应的算法和电路计算出信号与控制器输入量的偏差信号。伺服控制器根据偏差信号执行控制，以消除偏差。常见的位置传感器包括电位器、电磁位置传感器、光电编码器以及磁性编码器等类型。

电位器是最简单的位置传感器，使用方便，性价比高，能够直接输出电压信号，但是存在易磨损的缺陷，而且很容易因为接触不良造成传输信号丢失，可靠性较差。电磁位置传感器属于模拟式的位置传感器，与电位器相比，电磁式位置传感器的可靠性和精度都更高，比较常见的电磁式位置传感器是旋转变压器和自整角机。

光电编码器是伺服系统主要的位置传感器，由光源、光栅码盘以及光敏元件组成。常用的光电编码器分为增量式编码器和绝对值式编码器两大类。增量式编码器通常为圆形结构，光栅码盘随着电动机轴的转动而同步转动（直线式的会随传动机构同步移动），编码器每转动一转会发出脉冲，根据编码器精度不同，脉冲数量从几百到数万不等，脉冲数量与位移增量成正比。工作时增量式编码器通过对脉冲信号的处理和计算得到位置变化的增量信号，再对位置增量进行累加就可以得到位置信息。绝对值式编码器码盘由若干个同心圆环构成，称为码道，码道的数量与二进制的位数相同，绝对值式码盘（图1-5）1周的总计数为 $N = 2^n$，n 为码道数。绝对值式编码器有固定的零点，每个位置对应着距离零点不同的位置绝对值。绝对值式编码器的码盘有二进制码盘和循环码码盘两种形式。

磁性编码器也是可以将位移信号转换成数字电脉冲信号的传感器，其结构如图1-6所示。与光电编码器相比，磁性编码器适应环境能力强，不怕灰尘、油污和水蒸气，结构简单，

图1-5　绝对值式编码器结构示意图

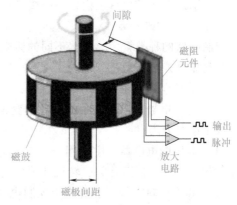

图1-6　磁性编码器结构示意图

坚固耐用，响应速度快，使用寿命长。但是磁性编码器制成高分辨率有一定困难，抗电磁干扰能力略低于光电编码器。磁性编码器也包含增量式和绝对值式，常用的磁性编码器包括磁敏电阻式、励磁磁环式以及霍耳元件式等类型。随着近年来的迅速发展，磁性编码器在伺服系统应用中将有很好的发展前景。

伺服系统的功能是使输出快速准确地复现，对伺服系统的基本要求有：

（1）稳定性好　伺服系统在给定输入和外界干扰下，能在短暂的过渡过程后，达到新的平衡状态，或者恢复到原先的平衡状态。

（2）精度高　伺服系统的精度是指输出量跟随给定值的精确程度，如精密加工的数控机床，要求很高的定位精度。

（3）动态响应快　动态响应是伺服系统重要的动态性能指标，要求系统对给定的跟随速度足够快、超调小，甚至要求无超调。

（4）抗扰动能力强　各种扰动作用时，系统输出动态变化小，恢复时间短，振荡次数少，甚至要求无振荡。

1.4　实训平台辅助系统认知

多轴运动控制系统实训平台的使用会涉及外部控制电器和检测装置的扩展使用。这些控制电器和检测装置构成了开发平台的辅助系统，主要包括低压隔离电器、主令电器、熔断器、接触器、继电器以及指示灯等。

控制电器是电气控制系统的重要组成元件，它是能通过接通和断开电路中的电流，以实现对电路或非电对象切换、控制、保护、检测、变换以及调节的电气设备。控制电器最基本、最典型的功能就是"开"和"关"。

一般情况下控制电器是指电气自动控制系统领域的低压电器。低压电器通常指工作在交流额定电压1200V（工频）、直流额定电压1500V及以下的电路中起通断、保护、控制或调节作用的电器产品。低压电器设备广泛应用于大多数用电行业及人们的日常生活中，因此低压电器会直接影响低压供电系统和控制系统的质量。低压电器一般由两部分组成，一部分是接收单元，能接收外界信号，通过转换、放大和判断，做出有规律的反应。在手动切换的电器中，感受部件有操作手柄、顶杆等形式；在有触点的自动切换电器中，感受部件大多是电磁机构。第二部分是执行机构，根据接收单元的指令，对电路执行"开"或"关"等任务。

1. 控制电器的分类

控制电器的种类繁多，根据不同的原则和标准可以划分为不同的种类。

按动作方式可分为：

（1）手动电器　依靠外力直接操作来进行切换的电器，如刀开关、按钮开关等。

（2）自动电器　依靠指令或物理量变化而自动动作的电器，如接触器、继电器等。

按用途可分为：

（1）低压配电电器　主要用于配电电路，对电路及设备进行保护及通断控制、转换电源和负载。主要包括刀开关、转换开关、熔断器和自动开关等。

（2）低压控制电器　主要用于控制电气设备，使其达到预期的工作状态。主要包括控制继电器、接触器、启动器、控制器、主令电器、电阻器等。

按电器在电气控制系统中的作用可分为：

（1）执行元件　执行元件是带动生产机械运行和保持机械装置在固定位置上的一种电器。主要包括电磁阀、电磁离合器和电磁制动器等。

（2）信号元件　又称信号控制开关，是将模拟量转换为开关量的控制电器。主要包括按钮开关、行程开关、电流及电压继电器和速度继电器等。

2. 低压隔离电器

（1）刀开关　刀开关又称闸刀开关，是一种结构简单、应用广泛的手动电器，低压电路中用于不频繁地接通和分断用电设备的电源，或用于电源的隔离，故又称为"隔离开关"。

刀开关是一种结构较为简单的手动电器，主要由操作手柄、触刀、触点插座和绝缘底板等组成，手动实现触刀插入触点插座和脱离触点插座的控制。在安装时刀开关手柄必须朝上，不得倒装或平装，避免触刀由于重力自由下落而引起误动作和合闸。接线时应将电源线接在上端，负载线接在下端，这样拉闸后触刀与电源隔离，避免意外事故发生。刀开关结构示意图如图1-7所示。

刀开关按触刀数量分为单极刀开关、双极刀开关、三极刀开关和四极刀开关。刀开关的图形和文字符号以及型号含义分别如图1-8和图1-9所示。

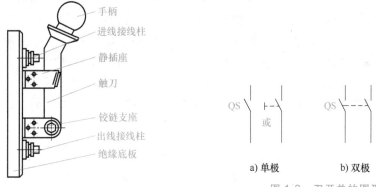

图 1-7　刀开关结构示意图

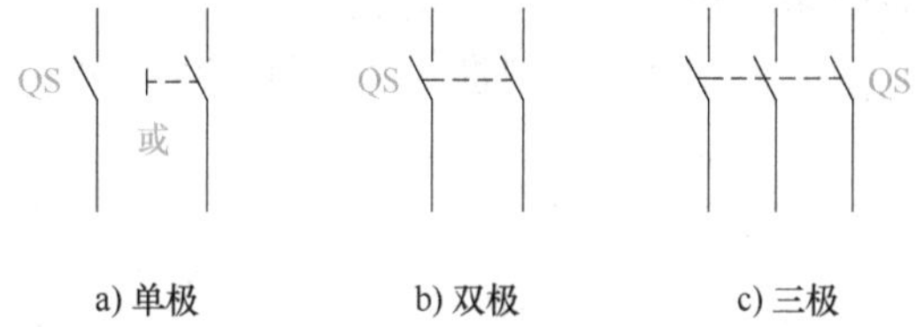

图 1-8　刀开关的图形和文字符号

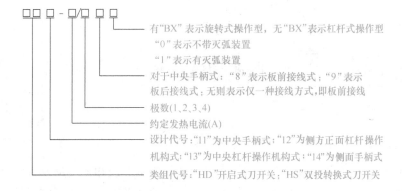

图 1-9　刀开关的型号含义

刀开关的主要技术参数有额定电压、额定电流和通断能力。额定电压是指在规定条件下，保证电器正常工作的电压值。国产刀开关的额定电压一般为交流工频 500V 及以下、直流 440V 及以下。额定电流是指在规定条件下，保证电器正常工作的电流值。目前刀开关额定电流一般为 10～1500A 不等，特殊型号的刀开关额定电流可达 5000A。通断能力是指在规定条件下，刀开关在额定电压下接通和分断的电流值。

刀开关在选择时应使其额定电压等于或高于电路额定电压，其额定电流应等于或大于电路额定电流。选择刀开关控制电动机时，其额定电流要大于电动机额定电流的 3 倍。

（2）低压断路器　低压断路器常称作自动空气开关，简称断路器，是低压配电网络和电力拖动系统中常用的一种配电电器。它集控制和多种保护功能于一体，正常情况下可用于不频繁接通和断开电路以及控制电动机的运行。当电路发生短路、过载和失电压等故障时，能自动切断故障电路，保护线路和电器设备。低压断路器具有操作安全、安装方便、工作可靠、兼顾多种保护、动作后不需要更换元件等优点，因此得到了广泛应用。

低压断路器结构原理如图 1-10 所示。主要由三个基本部分组成：触头、灭弧系统和各种脱扣器。脱扣器包括过电流脱扣器、欠电压脱扣器、热脱扣器和分励脱扣器等。开关是靠操作机构拖动或电动合闸，并由自由脱扣机构将主触头锁在合闸位置上。过电流脱扣器的线圈、热脱扣器的热元件与主电路串联；欠电压脱扣器的线圈与主电路并联。当电路发生短路或严重过载时，过电流脱扣器的衔铁被吸合，使自由脱扣机构动作，主触点断开主电路。当电路过载时，热脱扣器的热元件产生的热量增加，双金属片向上弯曲，推动自由脱扣机构动作，主触点断开主电路。当电路欠电压时，欠电压脱扣器的衔铁释放，也使自由脱扣机构动作，主触点断开主电路。分励脱扣器则作为远距离控制分断电路之用。

低压断路器的图形、文字符号以及型号含义分别如图 1-11 和图 1-12 所示。

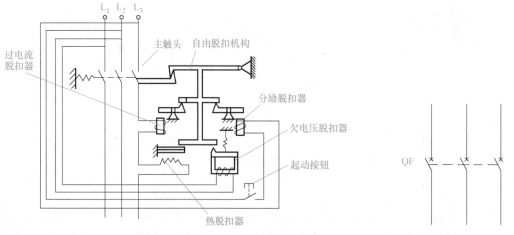

图 1-10　低压断路器的结构及原理示意图　　　　图 1-11　低压断路器图形和文字符号

空气断路器的主要参数有额定电压、额定电流、极数、脱扣器类型及整定电流范围、分断能力、动作时间等。因此，在使用空气断路器时，要注意其额定电压应不低于线路或设备额定工作电压；其额定电流应不小于负载工作电流，在高温环境使用时应适当增大其额定电流值；空气断路器的通断能力应不小于电路的最大短路电流。

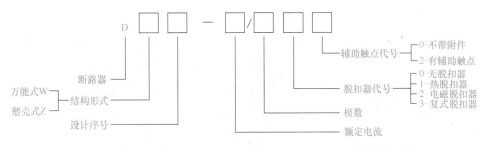

图 1-12　低压断路器的型号含义

3. 主令电器

主令电器是自动控制系统中用于发送和转移控制命令，直接或通过电磁式电器间接作用于控制电路的电器。主令电器常用于控制电力拖动系统中电动机的起动、停车、调速及制动等。常见的主令电器包括按钮、行程开关、接近开关、万能转换开关以及主令控制器等。

（1）按钮　按钮是一种结构简单、应用广泛的手动开关电器，在控制电路中用于手动发出控制信号以控制接触器、继电器等装置。按钮一般由按钮帽、复位弹簧、桥式动静触点和外壳组成，其结构示意图如图 1-13 所示。按钮在外力作用下，首先断开常闭触点，然后再接通常开触点。复位时，常开触点先断开，常闭触点后闭合。同时具有一个常开触点和一个常闭触点的按钮称为复合按钮。

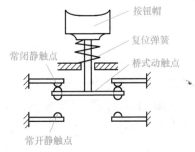

图 1-13　按钮结构示意图

按钮的主要参数有外观形式及安装孔尺寸、触点数量及触点的电流容量。按钮的图形、文字符号以及型号含义分别如图 1-14 和图 1-15 所示。

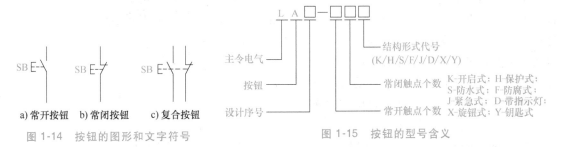

a）常开按钮　b）常闭按钮　c）复合按钮

图 1-14　按钮的图形和文字符号

图 1-15　按钮的型号含义

控制按钮的种类有很多，指示灯式按钮内装有信号灯；紧急式按钮装有蘑菇形钮帽，以便紧急操作；旋钮式按钮用扭动旋钮来进行操作。另外，为方便使用，不同作用的按钮会选用不同颜色的钮帽，比如表示停止或危险情况下操作的按钮用红色；应急信号或中断信号用黄色；启动信号用绿色；功能信号用蓝色等。

（2）行程开关　行程开关又称位置开关或限位开关。它的作用与按钮相同，只是其触点动作不是靠手动操作，而是利用某些运动部件碰撞其滚轮使动触头动作来实现接通或分断电路的。行程开关可以反映机械运动部件行进位置，多用于控制生产机械的运动方向、行程距离和限位保护等。行程开关的种类有很多，主要分为机械式和电子式两大类；按照结构，机械式又可以分为滚轮式（单轮旋转式、双轮旋转式）和按钮式等，如图 1-16 所示。复位

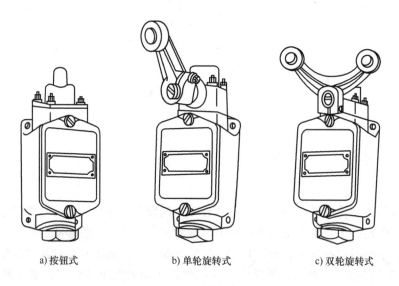

a) 按钮式　　　　　　b) 单轮旋转式　　　　　　c) 双轮旋转式

图 1-16　机械式行程开关

方式还可以分为自动复位与非自动复位。

各种类型的行程开关结构大体相同，一般都是由操作机构、触点系统和外壳三部分组成，以单轮旋转式行程开关为例，其外形及结构如图 1-17 所示。

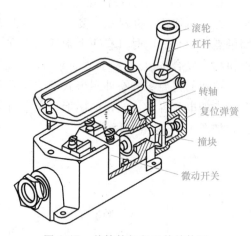

图 1-17　单转轮行程开关结构图

当生产机械运动部件的挡铁（撞块）压到行程开关的滚轮上时，杠杆连同转轴一起转动，通过转轴带动凸轮推动撞块，进而触动微动开关动作，使常闭触点断开、常开触点闭合。对于自动复位方式的行程开关，如果挡铁移开滚轮，操作机构和触点系统在复位弹簧的作用下自动恢复到原始状态；对于非自动复位方式的行程开关，需要生产机械反向移动，挡铁从相反方向压下另一边的滚轮时，触点才能复位。

行程开关的图形、文字符号以及型号含义分别如图 1-18 和图 1-19 所示。

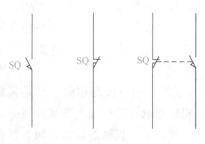

a) 常开触点　　b) 常闭触点　　c) 复合触点

图 1-18　行程开关图形和文字符号

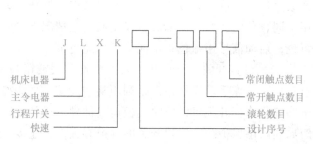

图 1-19　行程开关的型号含义

　　行程开关选用时，要根据使用场合选择防护形式，根据回路的额定电压和额定电流选择开关型号，还要根据生产机械的实际情况选择行程开关的触头结构，并综合考虑复位方式和触点数量。

　　（3）接近开关　行程开关是采用机械撞击触发形式，长期使用有可能因机械部件磨损而影响信号的正常传递，而且行程开关对安装位置准确度要求较高。随着元器件技术的不断发展，在一些较为精确的自动化设备系统中，行程开关正逐渐被接近开关或光电开关替代。

　　接近式位置开关是一种非接触式的位置开关，简称接近开关。它由感应头、高频振荡器、放大器和外壳组成。当运动部件与接近开关的感应头接近时，就使其输出一个电信号。接近开关使用示意图、图形和文字符号分别如图 1-20 和图 1-21 所示。

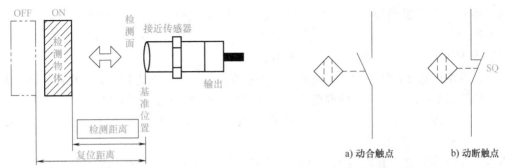

图 1-20　接近开关使用示意图　　　　　　　图 1-21　接近开关的图形和文字符号

　　接近开关包括电感式和电容式两种。电感式接近开关的感应头是一个具有铁氧体磁心的电感线圈，只能检测金属体。振荡器在感应头表面产生一个交变磁场，当金属块接近感应头时，金属中产生的涡流吸收了振荡的能量，使振荡减弱以至停振，因而存在振荡和停振两种信号，经整形放大器转换成二进制的开关信号，从而起到"开""关"的控制作用。电容式接近开关是通过被测物体向接近开关靠近时，使电容的介电常数发生变化，从而使电容量发生变化来感测的。它的检测对象可以是导体、绝缘的液体或粉状物等。

　　（4）万能转换开关　万能转换开关又称为凸轮控制器，是一种多档式、控制多回路的主令电器，一般可作为多种配电装置的远距离控制，也可作为电压表、电流表的换相开关，或作为小容量电动机的起动、制动、调速及正反向转换的控制。万能转换开关触点档数多、换接线路多、用途广，故有"万能"之称。万能转换开关实物示意和结构示意图分别如图 1-22 和图 1-23 所示。

图 1-22　万能转换开关实物示例

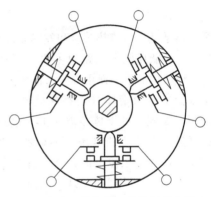

图 1-23　万能转换开关结构示意图

万能转换开关主要由操作机构、面板、手柄及数个触点座等部件组成，并用螺栓组装成一个整体。万能转换开关的图形符号、文字符号及触头接线表如图 1-24 所示。图中万能开关共有四组触点，垂直方向的数字及文字"左""0""右"表示手柄的操作位置，虚线表示手柄操作的联动线。在不同的操作位置，各对触点的通、断状态的表示方法为：在触点的下方与虚线相交位置有黑色圆点，表示在对应操作位置时触点接通，没涂黑色圆点表示在该操作位置触点不通。

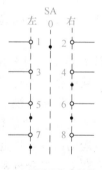

a) 图形及文字符号

	位置		
触点	左	0	右
1-2		✓	
3-4			✓
5-6	✓		✓
7-8	✓		

b) 触点接线表

图 1-24　万能转换开关图形符号、文字符号及触点接线表

（5）主令控制器　主令控制器是用于频繁切断复杂多回路控制电路的一种主令电器，其触点容量较小，不能直接控制主电路，而是经过接通、切断接触器或继电器的线圈电路，间接控制主电路。机床上用到的十字形转换开关就属于主令控制器，这种开关一般用于多电动机拖动或需多重联锁的控制系统中。图 1-25 所示为主令控制器的结构原理图。

如图 1-25 所示，主令控制器的手柄通过转轴 1 带动固定在轴上的凸轮 7，以操作触点（2、3、4）的断开和闭合。当凸轮的凸起部分压住滚子 8 时，杠杆 5 受压克服弹簧力，绕轴 6 转动，使装在杠杆末端的动触点离开静触点，电路断开。当凸轮的凸起部分离开滚子时，在复位弹簧的作用下，触点闭合，电路接通。

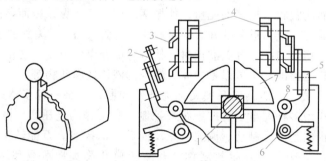

图 1-25　主令控制器结构原理图

4. 熔断器

熔断器是基于电流热效应和发热元件热熔断原理设计的，具有一定的瞬动特性。在低压配电线路中主要在短路和严重过载时作为保护元件使用，是一种结构简单、使用方便、价格低廉、控制有效的短路保护电器。

熔断器主要由熔体（俗称保险丝）和放置熔体的绝缘管（或绝缘座）组成。熔断器的熔体与被保护的电路串联，当电路正常工作时，熔体允许通过一定数值的电流而不熔断；当电路发生短路或严重过载时，熔体中流过很大的故障电流，当电流产生的热量使熔体温度升高到熔体熔点时，熔体熔断并切断电路，从而达到保护电路中其他设备的目的。

熔断器的图形和文字符号如图 1-26 所示。

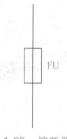

FU

图 1-26　熔断器的图形和文字符号

熔断器的类型很多，按结构形式不同可分为插入式熔断器、螺旋式熔断器、封闭管式熔断器、快速熔断器和自复式熔断器等。图 1-27 所示为熔断器的型号含义。

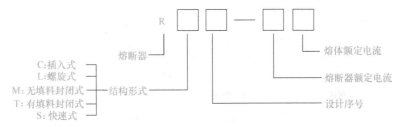

图 1-27 熔断器的型号含义

熔断器的技术参数主要有以下几项：

（1）额定电压 指熔断器能长期工作和分断后能承受的电压，其值一般等于或高于电气设备的额定电压。

（2）熔体额定电流 指熔体长期通电而不会熔断的最大电流。

（3）熔断器额定电流 指熔断器长期工作所允许的由温升决定的电流。该额定电流应不小于所选熔体的额定电流。在此额定电流范畴内不同规格的熔体可装入同一熔断器壳体内。

（4）极限分断能力 指熔断器所能分断的最大短路电流。它取决于熔断器的灭弧能力，与熔体的额定电流无关。

5. 接触器

接触器是一种自动的电磁式开关，主要用于频繁接通或分断交、直流主电路或大容量的控制电路。接触器可实现远距离控制、联锁控制、失电压及欠电压保护，由于它体积小、价格低、寿命长、操作频率高、维护方便，因此用途十分广泛。

接触器主要由电磁机构（电磁线圈、静铁心和动铁心）、触点系统（主触点和辅助触点）、灭弧装置、弹簧装置、支架和底座组成。接触器的结构示意图如图 1-28 所示。

接触器线圈两端施加额定电压时，静铁心上产生磁力，动铁心在磁力作用下向静铁心移动，同时带动主触点的动触头和辅助触点的动触头移动，使得常开触点闭合接通，常闭触点断开。当接触器线圈断电时，静铁心失去磁力，动铁心在弹簧作用下复位，主触点及辅助触点恢复到原状态。交流接触器的动作原理图如图 1-29 所示。

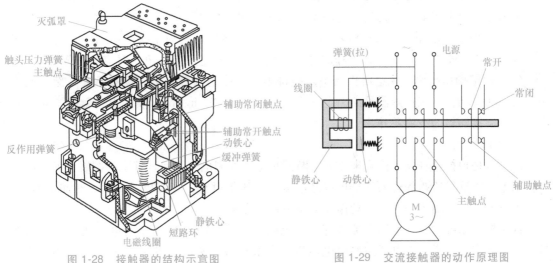

图 1-28 接触器的结构示意图　　　　　　图 1-29 交流接触器的动作原理图

接触器的图形、文字符号及其型号含义分别如图 1-30 和图 1-31 所示。

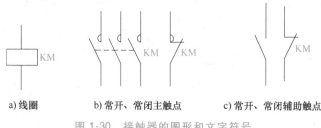

a) 线圈   b) 常开、常闭主触点   c) 常开、常闭辅助触点

图 1-30　接触器的图形和文字符号

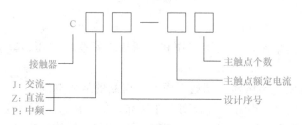

图 1-31　接触器的型号含义

接触器有交流和直流之分，两者的结构与工作原理基本相同，不同之处主要在电磁机构上。交流接触器由于存在铁心磁滞和涡流损耗，其铁心由硅钢片叠压而成。线圈一般呈矮胖型，设有骨架，与铁心隔离，以利于铁心与线圈散热。直流接触器铁心不发热，只有线圈发热，其铁心用整块钢材或工程纯铁制成。其线圈一般制成高而薄的瘦高型，不设线圈骨架，线圈与铁心直接接触，散热性能良好。另外，由于直流接触器在电流过大时，断开电路会产生强烈电弧，故多装有磁吹式灭弧装置，通过磁吹线圈产生磁吹磁场，使电弧拉长并拉断，从而达到灭弧的目的。

接触器的技术参数有以下几项：

（1）额定电压　额定电压指主触点的额定电压，有 220V、380V、660V 等几种，在特殊场合，其额定电压高达 1140V。被控主电路的电压等级应等于或低于接触器的额定电压。

（2）额定电流　额定电流是指在一定条件（额定电压、使用类别和操作频率）下规定的主触点的额定工作电流。目前常用的电流等级为 10~800A。

（3）动作值　动作值是指接触器的吸合电压和释放电压。规定接触器的吸合电压高于线圈额定电压 85% 时应可靠吸合，释放电压不高于线圈额定电压的 70% 时应可靠释放。

（4）额定操作频率　额定操作频率是指每小时操作的次数，交流接触器最高额定操作频率为 600 次/h，直流接触器最高额定操作频率为 1200 次/h。操作频率直接影响接触器的寿命及交流接触器的线圈温升。

6. 继电器

继电器是根据某种输入信号来接通或断开小电流控制电路，实现远距离控制和保护的自动控制电器。这里所指的输入信号可以是电流、电压等电量，也可以是温度、时间、速度、压力等非电量，而输出是触点的动作或电路参数的变化。

低压控制系统中的控制继电器大部分为电磁式结构。图 1-32 所示为电磁式继电器的典型结构示意图。电磁式继电器主要由电磁机构和触点系统两部分组成。电磁机构由线圈 1、铁心 2 及衔铁 7 组成。由于触点系统的触头都接在控制电路中且电流小，故不装设灭弧装置。它的触头一般为桥式触头，有动合触点 10 和动断触点 9 两种形式。另外，为了实现继电器动作参数的改变，继电器一般还具有改变弹簧 4 松紧和改变衔铁打开后气隙大小的装置，即反作用调节螺钉 6。电磁继电器其他装置为磁轭 3、弹簧 4、调节螺母 5、非磁性弹片 8。

继电器的主要特性是输入-输出特性，又称继电特性，继电特性曲线如图 1-33 所示。当继电器输入量 X 由零增至 X_0 以前，继电器输出量 Y 为零。当输入量增加到 X_0 时，继电器吸合，输出量为 Y_1；若 X 继续增大，Y 保持不变。当 X 减小到 X_r 时，继电器释放，输出量由 Y_1 变为零，若 X 继续减小，Y 值均为零。

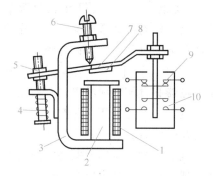

图 1-32　电磁式继电器的典型结构示意图

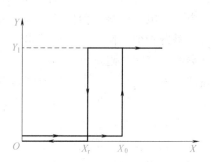

图 1-33　继电器的继电特性曲线

（1）电压继电器　电压继电器是一种反映电压变化的控制电器，其触点动作与线圈的电压值的大小相关，多用于电力拖动系统的电压保护和控制，是一种电磁式继电器，其工作原理与电磁式接触器相似。使用时继电器与负载并联，动作触点串联在控制电路中，因此电压继电器匝数较多、导线直径小、阻抗大。

电压继电器按线圈电流的种类可分为交流电压继电器和直流电压继电器；按动作电压值的大小可分为过电压继电器、欠电压继电器和零电压继电器。

过电压继电器是指当被保护的电路电压正常时，衔铁不动作，当被保护电路的电压高于额定值，达到过电压继电器的整定值时，衔铁吸合，触点机构动作，控制电路失电，控制接触器及时分断被保护电路。欠电压继电器用于电路的欠电压保护，其释放整定值为电路额定电压的 0.1～0.6 倍。当被保护电路电压正常时，衔铁可靠吸合，当被保护电路电压降至欠电压继电器的释放整定值时，衔铁释放，触点机构复位，控制接触器及时分断被保护电路。零电压继电器则是当电路中电压降低接近零时动作，切断电路电源。

电压继电器的图形、文字符号及型号含义分别如图 1-34 和图 1-35 所示。

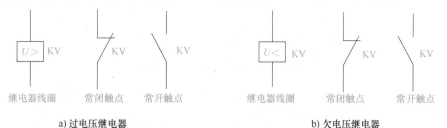

a) 过电压继电器　　　　　　　　　　　　b) 欠电压继电器

图 1-34　电压继电器的图形和文字符号

选用电压继电器时，首先要注意线圈电流的种类和电压等级应与控制电路保持一致，另外应根据在控制电路中的作用（过电压、欠电压、零电压）选型。最后，要按控制电路的要求选择触点类型（常开或常闭）和数量。

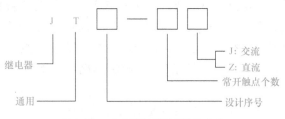

图 1-35　电压继电器的型号含义

实际上，交流继电器、中间继电器本身也具有欠电压和零电压的保护功能，故在一般情况下，也可用交流接触器和中间继电器替代欠电压继电器和零电压继电器。

（2）电流继电器　电流继电器是反映电流变化的控制电器，主要用于电路过载及短路保护。电流继电器的触点动作与线圈的电流大小相关，是一种电磁式继电器，其工作原理与电磁式接触器相似。使用时与负载串联，动作触点串联在辅助电路中，因此电流继电器匝数较少、导线直径粗、阻抗大。

按线圈电流的种类，电流继电器可分为交流电流继电器和直流电流继电器；按动作电流大小可分为过电流继电器、欠电流继电器。其中，过电流继电器主要用于重载或频繁启动的场合，作为电动机过载和短路保护，当电路中电流超过某一值时，过电流继电器动作，切断电路电源；欠电流继电器主要用于直流电动机、直流发电动机励磁网路及其他需要欠电流保护的电路中，当电路中电流低于某一值时，欠电流继电器动作，切断电路电源。当电流继续下降至小于某一规定值时，触点复位。

电流继电器的图形、文字符号及其型号含义分别如图 1-36 和图 1-37 所示。

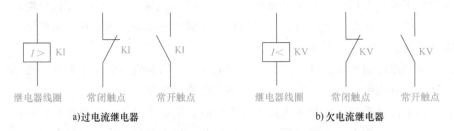

a)过电流继电器　　　　　　　　　　　b)欠电流继电器

图 1-36　电流继电器图形和文字符号

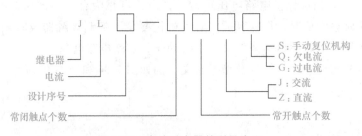

图 1-37　电流继电器的型号含义

（3）中间继电器　中间继电器为电路中间控制元件，一般用于控制各种电磁线圈，使信号得以放大，或将信号同时传给几个控制元件。中间继电器本质上是一种电压继电器，但其触点数量很多，容量很小，在电路中的作用是扩展控制触点数量和增加触点容量。中间继电器的结构与接触器相同，但中间继电器的触点无主辅之分，选用中间继电器时主要考虑电压等级和触点数目。

中间继电器的图形、文字符号及其型号含义分别如图1-38和图1-39所示。

图1-38　中间继电器的图形和文字符号　　　　图1-39　中间继电器的型号含义

（4）时间继电器　时间继电器是一种按时间原则动作的继电器，它在电路中起到对控制信号延时的作用。从得到输入信号（线圈通电或断电）开始，经过一定的延时后输出信号（触点的闭合或断开）控制电路。

时间继电器按延时方式可以分为通电延时和断电延时两种。通电延时是指接收输入信号后延迟一定的时间，输出信号才发生变化；当输入信号消失后，输出瞬间复原。断电延时是指接收输入信号时，瞬间产生相应的输出信号；当输入信号消失后，延迟一定时间，输出复原。

时间继电器按照工作原理又可以分为电磁式、空气阻尼式、晶体管式以及单片机控制式等。时间继电器的结构示意图如图1-40所示，时间继电器的图形、文字符号及型号含义分别如图1-41和图1-42所示。

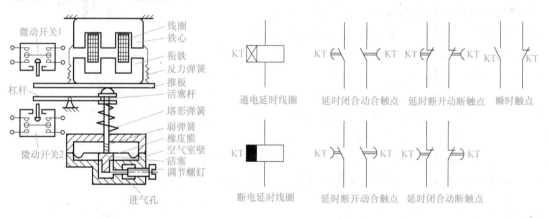

图1-40　时间继电器的结构示意图　　　　图1-41　时间继电器的图形和文字符号

选用时间继电器时，除了需要注意电源的类型与电压的等级外，还要注意以下几点：

1）根据控制系统的延时范围和精度，选择时间继电器的类型和系列。在延时精度要求不高的场合，可选用价格低廉的空气阻尼式时间继电器；精度要

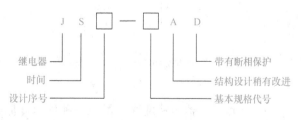

图1-42　时间继电器的型号含义

求高的场合可选用电子式时间继电器。

2）根据控制方式选择时间继电器的延时方式（通电延时或断电延时），同时还必须考虑线路对瞬时动作触点的影响。

3）根据控制电路的工作电压选择空气阻尼式时间继电器吸引线圈的电压或电子时间继电器的工作电压。

4）使用空气阻尼式时间继电器时，需保持延时机构的清洁，防止因进气孔堵塞而失去延时作用。

（5）热继电器　热继电器是一种利用流过热元件的电流所产生的热效应以及热元件热膨胀原理而反时限动作的保护电器，主要用于电动机的过载保护、断相保护、电流不平衡运行及其他电气设备发热状态的控制。

因为热元件有热惯性，所以热继电器不能做瞬时过载保护，更不能做短路保护。但也正是因为有热惯性，电动机在起动或短时过载时，热继电器并不会误动作。

热继电器主要由热元件、双金属片、动作机构（连杆、推杆、杠杆等）、触点系统（动触头、静触头等）、电流整定装置、温度补偿和复位机构组成，热继电器工作原理示意图如图1-43所示。当电路中负载过载时，过热元件的电流增加，热元件发热量增加，使得热胀系数不同的双金属片弯曲，压迫动作机构使触点系统动作，接通或断开电路。热继电器动作后，流过串接在电路中的热元件的电流为0，双金属片在空气中自然冷却逐渐恢复原状，此时热继电器的辅助触点复位，为下一次重新起动做好准备，这一过程称为热继电器的自动复位。热继电器的复位也可手动进行。

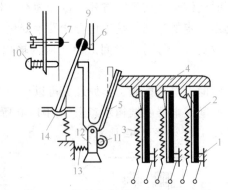

图1-43　热继电器的工作原理示意图

1—接线端子　2—双金属片　3—热元件　4—导板　5—补偿双金属片　6、9—常闭触点　7—常开触点　8—复位螺钉　10—按钮　11—调节旋钮　12—支撑件　13—压簧转动偏心轮　14—推杆

热继电器的工作电流可在一定范围内进行调节，称为整定。整定电流值应与被保护电动机额定电流值相等，其大小可通过整定电流旋钮调节。热继电器有两相和三相之分。三相热继电器又可分为带断相保护型和不带断相保护型。热继电器的图形、文字符号及其型号含义分别如图1-44和图1-45所示。

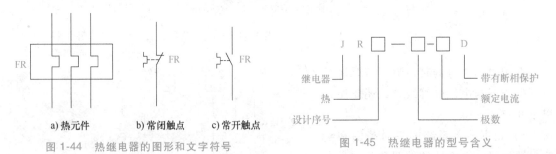

a) 热元件　　b) 常闭触点　　c) 常开触点

图1-44　热继电器的图形和文字符号

图1-45　热继电器的型号含义

（6）速度继电器　速度继电器是一种按速度原则动作的继电器，在电路中用于反映电动机转速的变化量，其输入信号为转速，可根据被控电动机的转速使控制电路接通或断开。

速度继电器常与接触器配合，实现笼型异步电动机的反接制动。

一般情况下，速度继电器有两个常开触点和两个常闭触点，分别为正转常开触点、正转常闭触点、反转常开触点和反转常闭触点。

速度继电器转子与被控电动机轴相连接同轴运行。电动机运动时，速度继电器转子随之转动，当转子正向转速达到某一值时，定子在感应电流和转矩作用下跟随转动，偏转到达一定角度时，装在定子轴上的摆锤推动动触头动作，使正转常闭触点断开、常开触点闭合；当转子转速小于某一值时，定子产生的转矩减小，动触头在簧片作用下返回原位，对应正转触点复位。当电动机反向运行时，反转动触头动作情况与正转类似。速度继电器图形、文字符号和型号含义分别如图 1-46 和图 1-47 所示。

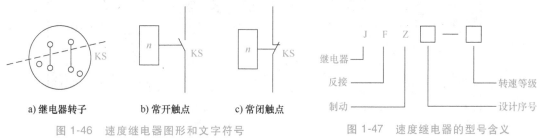

a) 继电器转子   b) 常开触点   c) 常闭触点

图 1-46 速度继电器图形和文字符号   图 1-47 速度继电器的型号含义

（7）其他继电器 除了上述继电器，还有很多其他类型的继电器。例如压力继电器，主要用于机床电路，根据压力源的压力信号控制其他电气控制元件；温度继电器用于监控电路中重要电气元件的温度变化，对电气元件起保护作用；舌簧继电器借助于磁场的变化控制舌簧片触点通断，主要用于通信、检测与计算机技术；固态继电器采用固体半导体元件组成，无触点控制功率小，工作频率高，多用于自动控制装置中等。在实际应用中，要根据需要分析设备或项目的特点，选择满足性能要求、可靠性高、控制效果好的继电器。

1.5 实训平台软件认知

多轴运动控制系统实训平台使用 ZMotion 系列控制器，在 PC 端进行程序开发和调试所使用的软件是 ZDevelop。开发者通过该软件对控制器进行系统配置、程序开发以及程序调试，ZDevelop 软件开发界面如图 1-48 所示。使用 ZDevelop 软件编写的程序可以直接下载到正运动控制器里运行，也可以在计算机平台仿真运行。

ZDevelop 软件支持三种编程方式：Basic、PLC 梯形图、HMI 组态。需要注意的是使用 Basic 语言编程开发时，可以多个 Basic 任务运行；如果使用 PLC 梯形图或 HMI 组态编程开发则只支持一个 PLC 任务或 HMI 任务运行。Basic 任务、PLC 梯形图任务和 HMI 组态任务之间可以多任务运行。

ZDevelop 软件菜单栏中"文件"选项的主要功能是对项目以及项目中文件的管理。使用软件进行程序设计和开发时，要先新建项目（文件名后缀为".zpj"），在项目中新建不同类型的文件（Basic/PLC/HMI）。菜单栏中的"控制器"选项可以设置连接到控制器的相关参数或者选择连接到仿真器进行仿真测试，同时还可以对控制器进行连接、复位、固件升级等操作。"编辑"菜单主要是程序编写过程中常用的相关操作指令；"视图"菜单主要是软件的显示界面，对语言、字体等进行控制；"项目"菜单可以对当前项目中的文件进行操

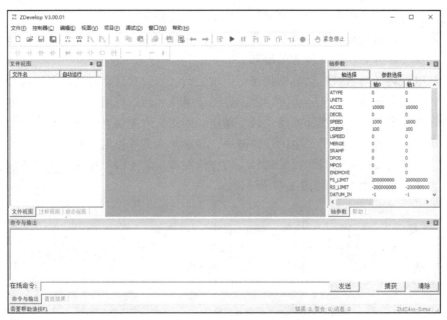

图 1-48　ZDevelop 软件开发界面

作，还可以实现程序的加密；"调试"菜单可以控制调试启动停止，选择调试模式，辅助调试过程；"窗口"菜单可以实现软件窗口的新建和不同窗口的切换。"帮助"菜单中可以打开控制器使用入门、ZBasic 语法帮助文档、ZPLC 语法帮助文档、ZHMI 语法帮助文档和ZDevelop 开发环境帮助文档。文档内可查看所有相关指令的说明与部分功能的介绍，编程过程中还可以使用 F1 快捷键寻找指令的详细帮助说明。

　　另外，多轴运动控制系统实训平台还配有工业机器人仿真软件 ZRobotView。该软件是正运动技术有限公司开发的，主要模拟机械手的运动，检查机械手程序及实际机械手在运行过程中的问题，防止事故发生的一款工业机器人专用仿真软件。

　　ZRobotView 软件的使用界面及各种区域和功能的示意如图 1-49 所示。在软件界面中，

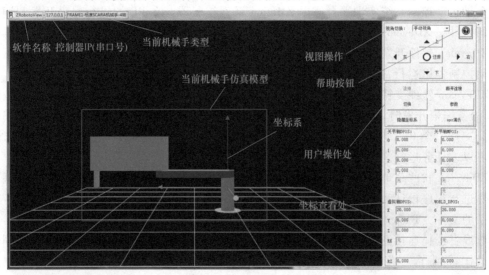

图 1-49　ZRobotView 软件界面

可以检查控制器的 IP 地址或串口号，可以看到工业机器人的类型、坐标系、详细坐标等信息，还可以对工业机器人进行操作，并从不同视角进行观测。详细的使用方法会在后续章节中有针对性地介绍说明。

1.6　多轴运动控制系统应用——工业机器人

工业革命是以机器取代人力，以大规模工厂化生产取代个体手工生产的生产与科技革命。从蒸汽机的发明到人工智能的发展，人类已经经过了三次工业革命，并正在经历着以人工智能、机器人技术、虚拟现实、量子信息技术、可控核聚变、清洁能源以及生物技术为技术突破口的第四次工业革命。机器人技术是机械、电子、自动控制、计算机以及人工智能等多学科交叉的综合应用型技术。在实际生活生产中，应用最广泛的是工业领域。工业机器人已经成为衡量一个国家科技制造水平的重要标志之一，并作为工业革命的重要推动力，加速了工业生产模式的转变和工业技术的发展。

1. 工业机器人定义及发展概况

工业机器人是面向工业领域的多关节机械手或多自由度的机电装置，它能自动完成某种工业生产作业要求，是依靠自身动力和控制能力来实现各种功能的一种机电一体化设备。它可以接受人类指挥由人类实时操控，也可以按照人类预先编写的程序自动运行。根据各国科学界对工业机器人的定义，我们可以总结出工业机器人具有特定的机械结构、具有通用性、具有不同程度的智能以及具有独立性等显著特点。

随着科学技术的不断进步，我国工业机器人已经处于自主研发阶段，这标志着我国工业自动化走向新的阶段。按照工业机器人的关键技术，其发展过程可分为以下四代。

1）第一代是示教再现机器人，主要由机器人本体、运动控制器和示教器组成，操作过程比较简单。第一代机器人使用示教器在线示教编程，并保存示教信息。机器人自动运行时，由运动控制器解析并执行示教程序，使机器人实现预定动作。这类机器人通常采用点到点运动、连续轨迹再现的控制方法，可以完成直线和圆弧的连续轨迹运动，复杂曲线运动则由多段圆弧和直线运动组合而成。由于操作容易、可视性强，当前工业中仍然被大规模应用。

2）第二代是离线编程机器人，该机器人编程系统采用离线式计算机实体模型仿真技术。首先，建立机器人及其工作环境的实体模型，再采用实际的正逆解算法，通过对实体模型的控制和操作，在离线的情况下进行路径规划，然后通过编程对实体模型进行三维动画仿真，以检验编程的正确性，最后将正确的代码传递给机器人控制柜，以控制机器人运动，完成离线编程。

3）第三代是智能机器人，它除了具有第一代和第二代的特点，还带有各种传感器，这类机器人对外界环境不但具有感知能力，而且具有独立判断、记忆、推理和决策的能力，能适应外部对象、环境并协调地进行工作，能完成更加复杂的动作。工作时，通过传感器获得外部的信息，并进行信息反馈，然后灵活调整工作状态，保证在适应环境的情况下完成工作。此类机器人在弧焊和搬运工作中使用较多。在我国，工业机器人主要应用于制造业，如汽车制造行业和工程机械制造业，主要用于汽车及工程机械的喷涂、焊接及搬运等。

目前，正式投入使用的绝大部分是第一代机器人，即程序控制机器人，这代机器人是固定的、无感应器的电子机械设备，主要以示教再现方式工作，采用点位控制系统，主要用于焊接、喷漆和上下料。第二代机器人内置了感应器和由程序控制的控制器，通过反馈控制，可以根据外界环境信息对控制程序进行校正。这代机器人通常采用接触传感器一类的简单传感装置和相应的适应性算法。第三代机器人在第一、第二代机器人的基础上蓬勃发展，这代机器人有多种传感器，可以进行复杂的逻辑推理、判断及决策。能感知外界环境与对象，并具有对复杂信息进行准确处理、对自己行为做出自主决策能力的智能化机器人。它们既有固定的，又有移动的；既有自动化的，也有仿生的。它们由复杂的程序设计出来，并且能辨识声音，此外还具备其他高级功能。这代机器人能根据获得的信息进行逻辑推理、判断和决策，具有一定的适应性和自给能力，在变化的内部状态与外部环境中，自主决定自身的行为。第四代机器人还在研发中，预计将具备自我复制、人工智能、自动组装和尺寸达纳米级别等特点。

2. 运动控制技术与工业机器人

工业机器人的核心技术是运动控制技术。机器人末端执行器的运动轨迹是多个关节（轴）协同动作的结果，而每个关节（轴）的运动都由一个电动机驱动，每个电动机都有各自的驱动控制系统。机器人控制器则负责指挥各个驱动控制系统协同动作。目前工业机器人采用的电气驱动主要有步进电动机系统和伺服电动机系统两类。

（1）步进电动机系统　步进电动机是一种将电脉冲信号转变为角位移或线位移的开环控制精密驱动元件，分为反应式步进电动机、永磁式步进电动机和混合式步进电动机三种，其中混合式步进电动机的应用最为广泛。步进电动机与相配套的步进驱动器共同构成步进电动机系统。在非超载的情况下，电动机的转速、停止的位置只取决于脉冲信号的频率和脉冲数，而不受负载变化的影响。当步进驱动器接收到一个脉冲信号，它就驱动步进电动机按设定的方向转动一个固定的角度，称为"步距角"，它的旋转是以固定的角度一步一步运行的。可以通过控制脉冲的个数来控制角位移量，从而达到准确定位的目的；同时可以通过控制脉冲频率来控制电动机转动的速度和加速度，从而达到调速的目的。步进电动机具有周期性位置误差而无累计误差，具有自锁力等运动特点。在控制电动机领域，步进电动机是一种控制简单、成本低廉的驱动方案。

（2）伺服电动机系统　20世纪80年代以来，随着集成电路、电力电子技术和交流可变速驱动技术的发展，伺驱动技术有了巨大的发展，各国著名电气厂商相继推出各自的伺服电动机和伺服驱动器系列产品并不断完善和更新。在自动控制系统中，伺服电动机作为执行元件，把所收到的电信号转换成电动机轴上的角位移或角速度输出。伺服电动机可分为直流和交流伺服电动机两大类，其主要特点是：当信号电压为零时无自转，转速随着转矩的增加而匀速下降。伺服电动机与相配套的伺服驱动器共同构成一套伺服系统。直流伺服电动机是有刷直流电动机，使用过程中存在更换电刷的问题。在交流伺服电动机发展早期，直流伺服电动机因为具备低速平稳性好的特点而被广泛应用。随着交流伺服技术和矢量控制技术的发展，交流伺服电动机在低速的情况下也可以获得同样的平稳性，同时与直流伺服电动机相比还有更多的优点，因此广泛应用于众多领域。与直流伺服电动机相比，交流伺服电动机主要优点有：

1）无电刷和换向器，工作可靠，对维护和保养要求低；

2）定子绕组散热比较方便；

3）惯量小，易于提高系统的快速性；

4）适应于高速大转矩工作状态；

5）同功率下有较小的体积和质量。

3. 工业机器人基本类型

一般来说，工业机器人由 3 个基本部分、6 个子系统组成。3 个基本部分是：机械本体、驱动系统和控制与执行部分。6 个子系统分别是机械结构系统、感知协同系统、机器人-环境交互系统、人机交互系统、控制系统和驱动系统。按照基本结构不同，工业机器人可以分为直角坐标机器人、圆柱坐标机器人、球坐标机器人、关节坐标机器人、平面关节机器人、柔性臂机器人和冗余自由度机器人，部分工业机器人如图 1-50 所示。

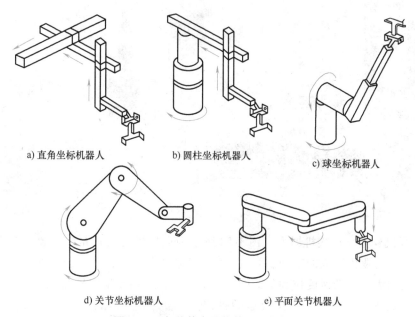

a) 直角坐标机器人   b) 圆柱坐标机器人   c) 球坐标机器人

d) 关节坐标机器人   e) 平面关节机器人

图 1-50 各种基本结构的工业机器人

按照驱动方式，工业机器人可以分为气动驱动机器人、液压驱动机器人、电动驱动机器人和混合驱动机器人。

机器人控制系统是机器人的大脑，是决定机器人功能和性能的主要因素。工业机器人控制技术的主要任务就是控制工业机器人在工作空间中的运动位置、姿态、轨迹、操作顺序及动作时间等，具有编程简单、人机交互界面友好、在线操作提示和使用方便等特点。按照控制方式不同，工业机器人可以分为人工操作机器人、固定程序机器人、可变程序机器人、重复演示示教机器人、数控机床机器人和智能机器人。按照用途不同，工业机器人可以分为材料搬运机器人、检测机器人、焊接机器人、装配机器人和喷涂机器人等。

4. 典型工业机器人

（1）移动机器人（AGV） 移动机器人（图 1-51）是一种在复杂环境下工作的，具有自行组织、自主运行、自主规划的智能机器人，它融合了计算机技术、信息技术、通信技术、微电子技术和机器人技术等。按照工作环境分，可分为室内移动机器人和室外移动机器人；按照移动方式分，可分为轮式移动机器人、步行移动机器人、蛇形移动机器人、履带式移动机器人、爬行机器人。目前在工业上得到广泛应用的自动导引运输车（AGV）属于轮式移动机器人。AGV 装备电磁或光学等自动导引装置，能够沿规定的导引路径行驶，具有安全保护和各种移载功能。AGV 由计算机控制，具有移动、自动导航、多传感器控制、网络交互等功能，可用于机械、电子、纺织、医疗、食品、造纸、物流等行业的柔性搬运、传输等场合，也可用于自动化立体仓库、柔性加工系统、柔性装配系统；还可在车站、机场、邮局的物品分拣中作为运输工具使用。国际物流技术发展的新趋势之一就是广泛采用自动化、智能化技术和装备，而移动机器人是其核心。

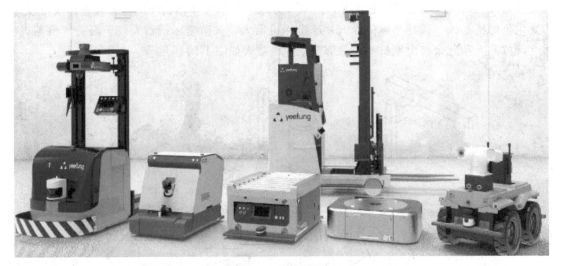

图 1-51   各种移动机器人

（2）点焊机器人   焊接机器人（图 1-52 所示为点焊机器人）是从事焊接工作的工业机器人，通常是在工业机器人的末轴法兰上装接焊钳或焊枪，使之能进行焊接作业，具有性能稳定、工作空间大、运动速度快和负荷能力强等特点，焊接质量明显优于人工焊接，能够大大提高焊接的效率。焊接机器人主要包括机器人和焊接设备两部分。机器人由机器人本体和控制柜组成。焊接装备则由焊接电源、送丝机（弧焊）、焊枪（钳）等组成，智能焊接机器人还应有传感系统。在焊接机器人家庭中，点焊机器人是一个重要成员，主要用于汽车整车的焊接工作。

点焊对焊接机器人的要求不是很高。因为点焊只需进行点位控制，对焊钳在点与点之间的移动轨迹没有严格要求，这也是机器人最早只能用于点焊的原因。点焊机器人不仅要有足够的负载能力，而且在点与点之间移位时速度要快捷、动作要平稳、定位要准确，以减少移位的时间，提高工作效率。

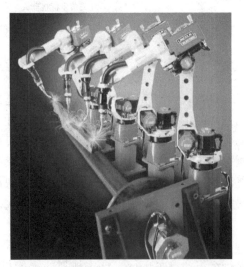

图 1-52   点焊机器人

（3）弧焊机器人   弧焊机器人（图 1-53）是焊接机器人家庭中的另一个重要成员，其组成和原理与点焊机器人基本相同，主要用于各类汽车零部件的焊接。弧焊机器人通常是由示教盒、控制盘、机器人本体及自动送丝装置、焊接电源等部分组成，可在计算机控制下实现连续轨迹控制和点位控制，还可以利用直线插补和圆弧插补功能来焊接由直线及圆弧等所组成的空间焊缝。

弧焊机器人主要有熔化极焊接作业和非熔化极焊接作业两种类型，其关键技术包括：

1）弧焊机器人系统优化集成技术。弧焊机器人采用交流伺服驱动技术以及高精度、高刚性的摆线针轮（RV）减速器和谐波齿轮减速器驱动，具有良好的低速稳定性和高速动态响应，并可实现免维护功能。

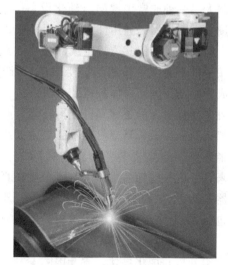

2）弧焊机器人协调控制技术。控制多机器人及变位机完成协调运动，既能保持焊枪和工件的相对姿态以满足焊接工艺的要求，又能避免焊枪与工件的碰撞。

3）精确焊缝轨迹跟踪技术。结合激光传感器和视觉传感器离线工作方式的优点，采用激光传感器实现焊接过程中的焊缝实时跟踪，提升弧焊机器人

图 1-53　弧焊机器人

对复杂工件实施焊接的柔性适应性，结合视觉传感器离线观察获得焊缝跟踪的残余偏差，基于偏差统计获得补偿数据并进行机器人运动轨迹修正，保证在各种工况下都能获得最佳的焊接质量。

（4）激光加工机器人　激光加工机器人（图 1-54）是将机器人技术应用于激光加工中，通过高精度工业机器人实现更加柔性的激光加工作业。激光加工机器人系统通过示教盒进行在线操作，也可通过离线方式进行。该系统通过对加工工件的自动检测，产生加工件的模型，继而生成加工曲线，也可以利用 CAD 数据直接加工，可用于工件的激光表面处理、打孔、焊接和模具修复等。其关键技术包括：

1）激光加工机器人结构优化设计技术。采用大范围框架式本体结构，在增大作业范围的同时，保证机器人精度。

2）机器人系统的误差补偿技术。针对一体化加工机器人工作空间大、精度高等要求，结合其结构特点，采取非模型方法与模型方法相结合的混合机器人补偿方法，

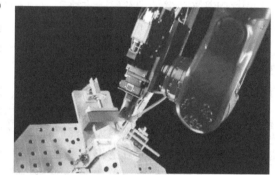

图 1-54　激光加工机器人

完成几何参数误差和非几何参数误差的补偿。

3）高精度机器人检测技术。将三坐标测量技术和机器人技术相结合，实现机器人高精度在线测量。

4）激光加工机器人专用语言实现技术。根据激光加工及机器人作业特点，完成激光加工机器人专用语言。

5）网络通信和离线编程技术。具有串口、CAN 等网络通信功能，实现对机器人生产线的监控和管理，并实现上位机对机器人的离线编程控制。

（5）真空机器人 真空机器人（图1-55）是一种在真空环境下工作的工业机器人，主要应用于半导体工业，可帮助人们实现晶圆在真空腔室内的传输。对于半导体工业，真空机器人是一种非常关键的自动化设备，它能够帮助人们实现超洁净生产，提高晶圆的生产质量。真空机器人通用性强、适用性好，得到人们的青睐，但其关键组成部分——真空机械手的用量大、价格高、受限制、难进口，成为制约我国半导体整机装备研发进度和整机产品竞争力的关键部件。国外将其归属于禁运产品目录，真空机械手已成为制约国内半导体工业整机装备制造的大问题。近年来，国内一些知名机器人制造企业在真空机器人开发方面取得了突破，其关键技术包括：

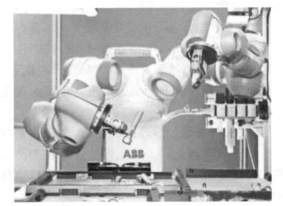

图1-55 真空机器人

1）真空机器人新构型设计技术。通过结构分析和优化设计，避开国际专利，设计新构型以满足真空机器人对刚度和伸缩比的要求。

2）大间隙真空直驱电动机设计技术。涉及大间隙真空直接驱动电动机和高洁净直驱电动机，要开展电动机理论分析、结构设计、制作工艺、电动机材料表面处理、低速大转矩控制、小型多轴驱动器等方面的研究与探索。

3）真空环境下由多轴组成的精密轴系设计技术。采用套轴设计的思路与方法，减小不同轴之间的不同心度以及惯量不对称问题。

4）动态轨迹修正技术。通过传感器信息和机器人运动信息的融合，检测出晶圆与机械手手指之间基准位置的偏移，动态修正运动轨迹，保证机器人准确地将晶圆从真空腔室中的一个工位传送到另一个工位。

5）符合国际半导体设备材料产业协会（SEMI）标准的真空机器人专用语言生成技术。根据真空机器人搬运要求、机器人作业特点及SEMI标准，完成真空机器人专用语言的设计与生成。

6）可靠性系统工程技术。在集成电路（IC）制造中，任何设备故障都会带来生产上的损失。根据半导体设备对平均无故障时间（MTBF）的严格要求，对各个部件的可靠性进行测试、评价和控制，提高真空机械手各个部件的可靠性，从而保证其满足IC制造的高要求。

（6）洁净机器人 随着半导体、电子、生物医药等行业的不断发展，人们越来越需要微型化、精密化、高纯度化、高质量和高可靠性的洁净生产环境。洁净机器人（图1-56）就是一种工作在洁净环境中用于完成特定物料搬运任务的工业机器人。特殊的用途和环境要求洁净机器人必须满足以下要求：一是能够高速运行，以缩短系统整个制造过程的时间，提高生产

图1-56 洁净机器人

效率；二是运行时平稳无振动，能够控制空气中分子级别颗粒飞舞造成的污染；三是运转精度高，能够提高晶圆加工的质量，保证正品率，降低生产成本。

洁净机器人的关键技术包括：

1）机器人洁净润滑技术。采用负压抑尘结构和非挥发性润滑脂，实现机器人工作时对环境无颗粒性污染，满足生产环境保持洁净的要求。

2）机器人平稳控制技术。通过轨迹优化和提高关节伺服性能，实现机器人在高速搬运过程中的平稳性要求。

3）机器人小型化技术。通过机器人小型化技术，减小洁净机器人的占用空间，以降低洁净室的建造成本和运营成本。

4）晶圆检测技术。采用光学传感器，通过机器人的扫描运动，获得卡匣中晶圆有无缺片和倾斜等信息，保证高品质生产。

（7）码垛机器人　码垛机器人（图1-57）是典型的机电一体化高科技产品，它对企业提高生产效率、增进经济效益、保证产品质量、改善劳动条件、优化作业布局的贡献非常大，其应用的数量和质量标志着企业生产自动化的先进水平。

机器人码垛作业就是按照集成化、单元化的思想，由机器人自动将输送线或传送带上源源不断传输的物件按照一定的堆放模式，在预置货盘上一件件地堆码成垛，实现单元化物垛的搬运、存储、装卸、运输等物流活动。码垛机器人是一种专门用于自动化搬运码垛的工业机器人，替代人工搬运与码垛，能迅速提高企业的生产效率和产量，同时还能显著减少人工搬运造

图1-57　码垛机器人

成的差错。它广泛应用于化工、饮料、食品、啤酒、塑料等生产企业。

码垛机器人的关键技术包括：

1）智能化、网络化的码垛机器人控制器技术。

2）码垛机器人的故障诊断与安全维护技术。

3）模块化、层次化的码垛机器人控制器软件系统技术。

4）码垛机器人开放性、模块化的控制系统体系结构技术。

（8）喷涂机器人　喷涂机器人（图1-58）是一种可进行自动喷漆或喷涂其他涂料的工业机器人。喷涂机器人主要由机器人本体、计算机和相应的控制系统组成，液压驱动的喷涂机器人还包括液压油源，如液压泵、油箱和电动机等。喷涂机器人大多采用5或6自由度关节式结构，其手臂拥有较大的运动空间，可做较为复杂

图1-58　喷涂机器人

的轨迹运动；其腕部一般具有 2 至 3 个自由度，运动十分灵活。较为先进的喷涂机器人的腕部则采用柔性手腕，既可向各个方向弯曲，又可转动，其动作类似人类的手腕，能够方便快捷地通过小孔伸入工件内部，喷涂工件内表面。喷涂机器人一般采用液压驱动，具有动作速度快、防爆性能好等特点，目前，喷涂机器人广泛用于汽车、仪表、电器、搪瓷等工艺生产部门，在改善产品品质、提高喷涂效率方面发挥着巨大作用。

喷涂机器人是机器人技术与表面喷涂工艺相结合的产物，是工业机器人家族中的一个特殊成员，其主要优点如下：

1）柔性高，工作范围大。

2）提高喷涂质量和材料使用率。

3）易于操作和维护。可离线编程，大大缩短了现场调试时间。

4）设备利用率高。喷涂机器人的利用率可达 90%～95%。

相对于其他工业机器人，喷涂机器人在使用中的特殊之处为：①其执行器末端要求能够完成较高速度的轨迹运动，而且必须在整个喷涂区保持速度均匀；②工作环境提出防爆要求；③喷涂机器人施加于工件的介质为半流体状，因此要求漆、气管路不得悬于机器人手臂之外，以免破坏已喷涂的工件表面。

图 1-59　管道检测机器人

（9）检测机器人　检测机器人是机器人家族中的特殊成员，是专门用于检查、测量等场合的机器人，按运动方式和应用场合可分为多种类型，它们在不同行业或部门发挥着重要作用。图 1-59 所示为一种轮式管道检测机器人，个头虽然小巧，却是一个典型的机、电、仪一体化系统。该机器人携带着一种或多种传感器及操作机械，在工作人员的遥控操作或计算机操控系统的控制下，沿细小管道内部或外部自动行走，进行一系列管道检测作业。

思考与练习题

1. 多轴运动控制系统实训平台主要由哪几部分组成？
2. 伺服系统由哪几部分组成？伺服系统性能的基本要求包括哪几个方面？
3. 试说明低压电器适用的电压范围。
4. 简述电磁式接触器的组成部分及工作原理。
5. 交流电磁式接触器与直流电磁式接触器在结构上有什么区别？
6. 多轴运动控制系统实训平台 ZDevelop 软件支持哪几种编程方式？
7. 简述工业机器人的定义。
8. 按照基本结构不同，工业机器人可以分为哪几种？
9. 实际工业生产体系中，典型工业机器人包括哪几种？
10. 喷涂机器人使用过程中的特殊要求有哪些？

第2章 伺服系统基础运动控制设计

2.1 伺服驱动控制原理

伺服系统也叫随动系统，是以精确运动控制和力矩输出为目的，综合应用机电能量变换与驱动控制、信号检测、自动化计算机控制技术等，实现执行机械机构对位置指令的准确跟踪。以工业机器人为例，其关节就是使用伺服驱动系统进行驱动控制的。工业机器人关节是机器人的动力来源，主要包括电动机、减速器、传感器及机械机构等，关节通过伺服驱动控制器实现动作控制。伺服驱动控制器的主要功能是实现位置、速度、电流多环路闭环控制，通过功率放大，驱动电动机实现关节伺服运动控制。多轴运动控制系统实训平台的伺服系统如图 2-1 所示。

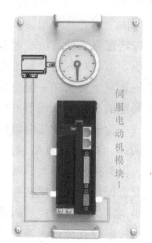

图 2-1 多轴运动控制系统实训平台的伺服系统

1. 伺服驱动电动机的种类

伺服驱动电动机主要包括步进电动机、直流电动机、永磁同步电动机等，其中，永磁同步电动机按其感应电动势波形的不同可分为：梯形波时称为永磁无刷直流电动机，正弦波时称为永磁同步电动机。步进电动机控制简单，但无法实现高精度闭环控制；直流电动机可以实现高精度闭环控制，但由于存在电刷，需定期维护；永磁直流无刷电动机和永磁同步电动机采用电子换向取代了电刷，功率密度比普通的直流电动机高，因此体积更小，功率密度更大，都可以实现高精度闭环控制。

伺服驱动电动机应用于工业机器人关节时，为了实现关节大的力矩输出，一般采用齿轮、谐波及 RV 等减速器，对伺服电动机进行降速以提升力矩输出能力。也可以采用力矩电动机对机器人关节进行直驱，实现大力矩输出。伺服电动机多用于高精度定位场合，功率相对较小，属于精密机械，需通过闭环控制来实现驱动。力矩电动机多用于需要恒力矩的应用场合，并且功率一般也比较大。

2. 伺服驱动控制器

伺服驱动控制器是机器人关节伺服系统的核心运算和能量控制单元，其作用是给电动机提供一定规律的电能，对电动机的位置、速度、力矩等进行控制，实现机器人关节跟随输入指令进行伺服运动。伺服驱动控制器包含功率驱动单元和算法控制单元两部分。

目前典型伺服驱动控制器的功率驱动单元有 H 桥和 3 相桥两种功率驱动器拓扑。

H 桥拓扑主要用于直流电动机功率驱动，3 相桥拓扑主要用于直流无刷电动机和永磁同步电动机功率驱动。伺服驱动控制器的算法控制单元的主要功能是实现电动机位置、转速和电流多环路闭环控制。目前用于机器人关节电动机算法控制单元的硬件主要有单片机、DSP、FPGA 等嵌入式微处理器。

3. 伺服驱动控制原理

（1）直流伺服电动机工作原理　图 2-2 所示为直流电动机的工作原理图。直流电动机由磁铁定子、转子绕组（abcd 线框）、电刷（A、B）和换向器（E、F）等部分组成。定子用作磁场，通电转子绕组在定子磁场的作用下，得到转矩而旋转。电刷与换向器及时改变转子绕组电流方向，使转子能连续旋转，实现电动机正常旋转。

（2）直流伺服电动机调速原理　直流伺服电动机转速和状态量之间的关系满足如下关系式：

$$n = \frac{U - IR}{K_e \Phi}$$

式中，n 表示转速（r/min）；U 表示转子绕组两端施加的电压，即电枢电压（V）；I 表示转子绕组内通过的电流，即电枢电流（A）；R 表示转子绕组内阻，即电枢回路总电阻（Ω）；Φ 表示励磁磁通（Wb）；K_e 表示电动机结构决定的电势常数。

由上面公式可知，调节直流电动机的转速有三种方法：调节电枢供电电压、减弱励磁磁通和改变电枢回路电阻。对于要求在一定范围内无极平滑调速的系统，以调节电枢供电电压的方式为最好。改变电阻只能实现有极调速；减弱磁通虽然能够平滑调速，但调速范围不大，所以往往只用于配合调压方案，即在额定转速以上作小范围的弱磁升速。因此，电动机自动控制的直流调速系统往往以变压调速为主。

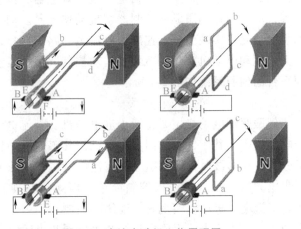

图 2-2　直流电动机工作原理图

（3）直流伺服电动机 H 桥 PWM 调压驱动控制原理　直流伺服电动机电枢两端电压的大小和极性由一定的功率变换器进行控制。驱动控制分为双极式和单极式两种，双极性控制具有正反转动态响应性能好的优点，但存在损耗高的缺点；单极性控制具有正反转动态响应性不高的缺点，但效率相对较高。

H 桥是一种功率变换器拓扑，如图 2-3 所示。H 桥变换器由 4 个功率开关器件按照一定规律组合而成，其形状如 H 而得名。按照一定规律控制 H 桥功率变换器的 4 个开关管的通断，可以得到期望的电枢电压，从而获得期望的速度进行伺服运动。

目前，脉宽调制（PWM）是控制 H 桥功率变换器的 4 个开关管通断的具体方式，即在 4 个开关管的驱动端

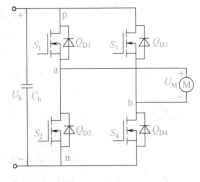

图 2-3　H 桥功率变换器

施加 PWM 信号控制开关管开通或关断，实现电动机电枢电压的控制，对电动机进行伺服控制。同时，H 桥功率变换器的对桥开关器件可以采用同一个 PWM 驱动信号，比如开关器件 S_1 和 S_4 可以使用同一路 PWM 信号，S_2 和 S_3 可以使用同一路 PWM 信号。但是，由于开关器件在开通或关断过程中都存在过渡过程，为了避免同一桥臂（S_1 和 S_2 组成左桥臂、S_3 和 S_4 组成右桥臂）出现短路导致故障，组成同一桥臂的上下开关器件的驱动信号 PWM 间需要加入死区，如图 2-4 所示。

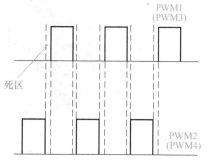

图 2-4　PWM 信号间死区

PWM 实现电动机电枢电压控制的基本途径是通过占空比 d 的变化来实现。以 PWM 信号控制 H 桥功率变换器来说明直流电动机双极性驱动原理。PWM 1—PWM4 信号控制着图 2-2 中 $S_1/S_2/S_3/S_4$ 的信号电压 $V_{gs1}/V_{gs2}/V_{gs3}/V_{gs4}$，从而控制四个开关管的导通和关断时间，H 桥变换器的驱动电压关系是 $V_{gs1} = V_{gs4} = -V_{gs2} = -V_{gs3}$，并且同一桥臂上下桥臂开关器件的 PWM 信号间设置必要的死区时间。在一个 PWM 周期内，开关管 S_1 和 S_4 导通，电流沿着图 2-5 所示方向流动，电流驱动电动机按顺时针方向转动，在死区时间内左右桥臂开关器件实现电流转换；开关管 S_2 和 S_3 导通，电流沿着图 2-6 所示方向流动，电流驱动电动机逆时针方向转动，在死区时间内左右桥臂开关器件实现电流转换。

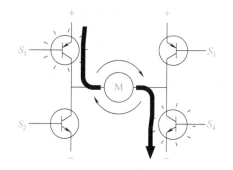

图 2-5　H 桥电路驱动电动机顺时针方向转动

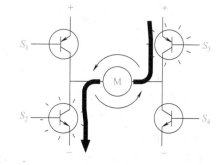

图 2-6　H 桥电路驱动电动机逆时针方向转动

（4）无刷直流电动机（BLDCM）驱动控制原理　无刷直流电动机的电磁结构和有刷直流电动机基本相同，但它的通电电枢绕组放在定子上，转子为永磁体。其基本结构及简化磁场分布如图 2-7 所示。

在驱动控制上，无刷直流电动机与直流电动机的本质一样，但无刷直流电动机为 3 相电动机，其驱动电路为 6 个开关器件组成的 3 相电压桥，即比 H 桥多了一个桥臂，如图 2-8 所示。

为了实现像直流电动机一样的驱动控制，需通过安装在无刷直流电动机上的 3 个霍尔位置传感器来实现。这 3 个霍尔位置传感器安装在无刷直流电动机上，且位置相互间隔120°，当无刷直流电动机转子转动时会输出相应的高低电平信号。在每 360° 内会有 6 种有效代码组合，每个组合对应的电角度范围为 60°。这 6 种有效代码组合依次为 010、011、001、101、100 和 110。当输出为 000 和 111 时，认为无效。根据上述 3 个霍尔位置传感器安装位

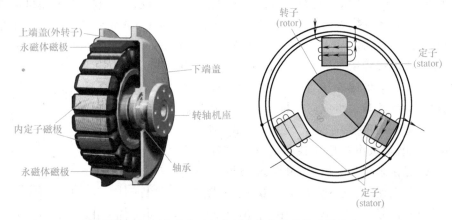

图 2-7　无刷直流电动机的基本结构及简化磁场分布

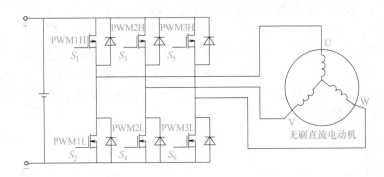

图 2-8　无刷直流电动机的功率驱动拓扑

置的 6 种有效组合，能确定 6 种对应的 PWM 信号组合，在每个 60°范围内，与直流电动机驱动控制原理一样，可实现直流无刷电动机的驱动控制。无刷直流电动机定子绕组和转子平面位置示意图如图 2-9 所示。

A-X 表示与 A 相绕组轴线相交的位置，B-Y 表示与 B 相绕组轴线相交的位置，C-Z 表示与 C 相绕组轴线相交的位置，这三者交叉形成了夹角为 60°的 6 个扇区，而且这 6 个扇区在控制过程中，可以通过霍尔组合来判断。当转子运动到其中一个扇区，A、B、C 三相会导通其中两相，而另一相将被关断。直流无刷电动机的驱动控制原理可以总结为表 2-1。

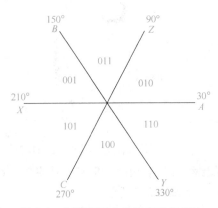

图 2-9　无刷直流电动机定子绕组和转子平面位置示意图

表 2-1　直流无刷电动机驱动霍尔信号与通电顺序

霍尔编号			电角度/°	逆时针旋转			顺时针旋转		
1	2	3		A 相	B 相	C 相	A 相	B 相	C 相
0	1	0	30~90	−	+	0	+	−	0
0	1	1	90~150	−	0	+	+	0	−
0	0	1	150~210	0	−	+	0	+	−

（续）

霍尔编号			电角度/°	逆时针旋转			顺时针旋转		
1	2	3		A 相	B 相	C 相	A 相	B 相	C 相
1	0	1	210～270	+	−	0	−	+	0
1	0	0	270～330	+	0	−	−	0	+
1	1	0	330～30	0	+	−	0	−	+

注：1. "+"表示上桥臂开关器件（S1/S3/S5）开通，在某相施加电源电压；"−"表示下桥臂开关器件（S2/S4/S6）开通，将某相接地。

2. "电角度"是为了和"转子机械角度"进行区分。在电动机的极对数为1的情况下，"电角度"和"转子机械角度"相等，即转子旋转360°时，转过的"电角度"和"转子机械角度"都为360°。如果电动机极对数大于1，则每一个极对数对应的"电角度"为360°，当"转子机械角度"转过360°时，电角度＝极对数×360°。

（5）永磁同步电动机（PMSM）驱动控制原理　永磁同步电动机的结构与直流无刷电动机类似，结构简单，功率密度高，效率高。和直流电动机相比，它没有直流电动机的换向器和电刷等缺点，而且不需要励磁电流，具有功率因数高的优点；与异步电动机相比，存在成本高、起动困难等缺点。为了得到正弦波工作磁场和工作电流，实现高性能调速性能，使得永磁同步电动机的驱动控制原理变得复杂，但其核心仍是以直流电动机的控制为基础进行的。

由于直流电动机和直流无刷电动机的永磁励磁磁场与 H 桥及三相电压桥功率变换器驱动产生的电枢磁场是正交解耦的，对磁通和电磁转矩可分别控制，而且直接使用 PWM 信号就可以实现。然而，为了得到正弦波工作磁场，三相永磁同步电动机的三相定子绕组间磁场强耦合的同时又与转子磁场耦合，其控制比直流电动机要复杂很多。为此，要实现 3 相永磁同步电动机与直流电动机类似地控制，必须对其磁场与力矩进行解耦，为此矢量控制原理被提出。

三相永磁同步电动机矢量控制基本原理是将定子电流矢量分解为产生磁场的电流分量（励磁电流）和产生转矩的电流分量（转矩电流）分别加以控制，并同时控制两分量间的幅值和相位，即控制定子电流矢量，所以称这种控制方式为矢量控制方式，具体控制方法是建立一个以电源角频率旋转的动坐标系 (d, q)。因为从静止坐标系 (a, b, c) 上看，合成定子电流矢量的各个分量都是随时间不断变化的量，这使得合成矢量在空间以电源角频率旋转从而形成旋转磁场，即合成定子电流矢量也是时变的。但是，由于建立的动坐标系 (d, q) 与合成定子电流矢量的旋转频率相同，都是电源频率，所以，从动坐标系 (d, q) 上看，合成的定子电流矢量却是静止的，从而实现三相永磁同步电动机的力矩和磁场的良好解耦。

图 2-10 所示为永磁同步电动机基于坐标变换的磁场定向解耦原理。基于功率守恒原理，将 (a, b, c) 三相静止坐标系等效为 (α, β) 两相静止坐标系，再将两相静止坐标系转换为动坐

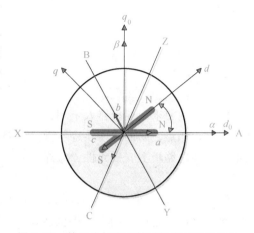

图 2-10　基于坐标变幻的磁场定向解耦原理

标系（d，q），实现三相永磁同步电动机的力矩和磁场的解耦，然后，对定子电流矢量分解产生磁场的电流分量（励磁电流）和产生转矩的电流分量（转矩电流）分别控制，获得电动机运动控制所需的磁场和力矩，从而实现三相永磁同步电动机控制。

2.2 伺服运动控制分类及应用

1. 伺服运动控制分类

运动控制（Motion Control）是自动化的一个分支，它使用伺服机构（如液压泵、线性执行机或电动机）来控制机器、设备的位置或速度。运动控制广泛应用于包装、印刷、纺织和装配行业。运动控制在机器人领域和数控机床领域内的应用要比生产使用的专用机器设备中的应用更为复杂。

本书研究的伺服运动控制主要是指伺服电动机在伺服驱动器的控制下完成电动机点动、定位移动、电子齿轮（同步运动）、电子凸轮（协同运动）、直线插补、平面曲线插补、空间曲线插补以及电动机停止等功能。各种伺服电动机的运动控制功能将在后续章节逐一解释并通过实验验证。

2. 伺服运动控制应用

伺服运动控制的典型应用是工业机器人。工业机器人由伺服电动机驱动机器人关节，多个伺服关节配合联动，实现机器人不同姿态的控制和调节。根据控制伺服驱动系统的对象不同，工业机器人的控制方式通常分为位置控制、速度控制、力（力矩）控制以及力和位置混合控制等。

（1）工业机器人的位置控制 工业机器人的位置控制可分为点位（Point To Point，PTP）控制和连续轨迹（Continuous Path，CP）控制两种方式，如图 2-11 所示，其目的是使机器人各关节实现预先规划的运动，保证工业机器人的末端执行器沿预定的轨迹可靠运动。

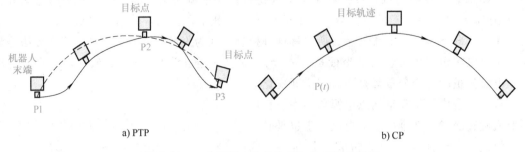

a) PTP   b) CP

图 2-11 工业机器人点位控制与连续轨迹控制

PTP 控制要求工业机器人末端执行器以一定的姿态尽快而无超调地实现相邻点之间的运动，但对相邻点之间的运动轨迹不做具体要求，主要技术指标是定位精度和运动速度。那些从事在印刷电路板上安插元件、点焊、搬运及上/下料等作业的工业机器人，采用 PTP 控制方式。

CP 控制要求工业机器人末端执行器沿预定的轨迹运动，即可在运动轨迹上任意特定数量的点处停留。这种控制方式将机器人运动轨迹分解成插补点序列，然后在这些点之间依次进行位置控制，点与点之间的轨迹通常采用直线、圆弧或其他曲线进行插补。由于要在各个插补点上进行连续地位置控制，所以可能会在运动过程中发生抖动。实际上，由于机器人控制器的控制周期在几毫秒到 30ms 之间，时间很短，可以近似认为运动轨迹是平滑连续的。在工业机器人的实际控制中，通常利用插补点之间的增量和雅克比逆矩阵求出各关节的分增量，各电动机再按照分增量进行位置控制。

（2）工业机器人的速度控制　在进行位置控制的同时，有时还需进行速度控制，使机器人按照给定的指令控制运动部件的速度，实现加速、减速等一系列转换，以满足运动平稳、定位准确等要求。这就如同人的抓举过程一样，要经历宽拉、高抓、支撑蹲、抓举等一系列动作，不可一蹴而就，从而以最精简省力的方式，将目标物平稳、快速地托举至指定位置。为了实现这一要求，机器人的行程要遵循一定的速度变化曲线，图 2-12 所示为机器人运行的速度-时间曲线。

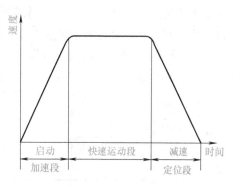

图 2-12　机器人运行的速度-时间曲线

（3）工业机器人的力（力矩）控制　对于从事喷漆、点焊、搬运等作业的工业机器人，一般只要求其末端执行器（喷枪、焊枪、手爪等）沿某一预定轨迹运动，运动过程中，机器人的末端执行器始终不与外界任何物体接触，这时只需对机器人进行位置控制即可完成预定作业任务。而对那些从事装配、加工、抛光、抓取物体等作业的机器人，工作过程中要求其手爪与作业对象接触，并保持一定的压力，因此对于这类机器人，除了要求定位准确，还要求控制机器人手部的作用力或力矩，这时就必须采取力或力矩控制方式。力（力矩）控制是对位置控制的补充，其控制原理与位置伺服控制的原理基本相同，只不过输入量和反馈量不是位置信号，而是力（力矩）信号，因此，机器人系统中必须装有力传感器。

在工业机器人领域，比较常用的机器人力（力矩）控制方法有阻抗控制、位置/力混合控制、柔顺控制和刚性控制四种。力（力矩）控制的最佳方案是以独立的形式同时控制力和位置，通常采用力/位混合控制。工业机器人要想实现可靠的力（力矩）控制，需要有力传感器的介入，大多情况下使用六维（三个力、三个力矩）力传感器，由此就有如下三种力控制系统组成方案。

1）以位移控制为基础的力控制系统。以位移控制为基础的力控制方式是在位置闭环之外再加上一个力的闭环。在这种控制方式中，力传感器检测输出力并与设定的力目标值进行比较，力值的误差经过力/位移变化环节转换成目标位移而参与位移控制。这种控制方式构成的控制系统如图 2-13 所示。

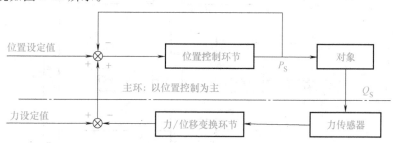

图 2-13　以位移控制为基础的力控制系统框图

P_S、Q_S 分别为机器人的手部位移和操作对象的输出力。需要指出的是，以位移为基础的力控制很难使力和位移都得到令人满意的结果。采用这种控制方式时，要设计好工业机器人手部的刚度，如刚度过大，微小的位移都可能导致力有很大的变化，严重时甚至会造成机器人手部的破坏。

2）以广义力控制为基础的力控制系统。以广义力控制为基础的力控制方式是在力闭环的基础上再加上位置闭环。通过传感器检测机器人手部的位移，经过位移/力变换环节转换为输入力，再与力的设定值合成后作为力控制的给定量。这种控制方式构成的控制系统框图如图 2-14 所示。其中，P_C、Q_C 分别为操作对象的位移和机器人手部的输出力。该控制方式的特点在于可以避免小的位移变化引起过大的力变化，对机器人手部具有保护作用。

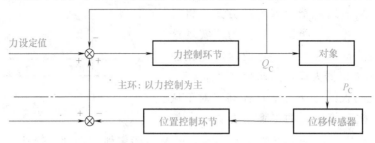

图 2-14　以广义力控制为基础的力控制系统框图

3）以位移控制为基础的力/位混合控制系统。工业机器人从事装配、抛光、轮廓跟踪等作业时，要求其末端执行器与工件之间建立并保持接触。为了成功进行这些作业，必须使机器人同时具备控制其末端执行器和接触力的能力。目前正在使用的大多数工业机器人基本上都是一种刚性的位置伺服机构，具有很高的位置跟踪精度，但它们一般都不具备力控制能力，缺乏对外部作用力的柔顺性，这一点极大地限制了工业机器人的应用范围。因此，研究适用于位控机器人的力控制方法具有很高的实用价值。以位移控制为基础的力/位混合控制系统的基本思想是，当工业机器人的末端执行器与工件接触时，其末端执行器的坐标空间可以分解成对应于位控方向和力控方向的两个正交子空间，通过在相应的子空间分别进行位置控制和接触力控制以达到柔顺运动的目的。这是一种直观而概念清晰的方法，但控制的成功与否取决于对任务的精确分解和基于该分解的控制器结构的正确切换，因此力/位混合控制方法必须对环境约束进行精确建模，而对未知约束环境则无能为力。

力/位混合控制系统由位置控制和力控制两部分组成，其系统框图如图 2-15 所示。

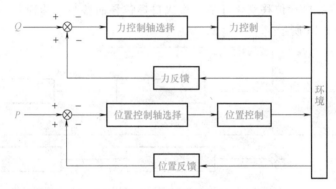

图 2-15　以位控为基础的力/位混合控制系统框图

2.3 实训平台开发软件使用

多轴运动控制系统实训平台软件开发环境使用的是深圳市正运动技术有限公司开发的 ZDevelop 开发调试软件。使用 ZDevelop 开发软件，首先要理解"项目"的概念。为了应用设计开发的需要，首先应建立一个文件夹，里面包含该应用相关的各个程序，这样的一个集合体称之为"项目"，一个项目通过一个项目文件内含有的一个或多个文件来管理。

项目文件名的后缀为".zpj"，项目里面的程序文件（basic/plc/hmi 格式的程序文件）必须与项目文件位于同一个文件夹。打开已有项目时，选择打开后缀为".zpj"的项目文件，该 zpj 文件下包含的 basic/plc/hmi 格式的程序文件会自动打开，或者拖动 zpj 文件到 ZDevelop 也可以直接打开项目文件。需要注意的是，如果只打开 basic/plc/hmi 格式的程序文件，不打开对应的项目，那么程序将无法下载到控制器，也就无法运行。

ZDevelop 开发软件的使用方法为：

（1）新建项目 菜单栏"文件"-"新建项目"。单击"新建项目"后弹出"另存为"界面，选择一个文件夹打开，输入文件名后保存项目，后缀为".zpj"，如图 2-16 所示。

图 2-16 新建项目

（2）新建文件 菜单栏"文件"-"新建文件"。单击"新建文件"后，出现图 2-17 弹窗，选择新建的文件类型后确认，如图 2-17 所示。Basic/PLC/HMI 分别针对三种不同类型的文件，表示 ZDevelop 支持的三种编程方式，基础连接使用步骤相同，支持 Basic/PLC/HMI 混合编程。

图 2-17 新建文件

（3）保存文件　确认后，新建的文件会自动加入到项目"文件视图"中，如图2-18所示。在程序编辑窗口写好程序后，单击"保存"，新建的文件会自动保存到项目zpj所在文件下。

（4）设置文件自动运行　双击文件右边自动运行的位置，输入任务号"0"。文件名称可重新自定义，在文件处右键单击鼠标-"重命名文件"进行修改，如图2-18所示。

图2-18　保存文件及设置文件自动运行

（5）连接到控制器　在程序输入窗口编辑好程序，单击"控制器"-"连接"或"连接到仿真器"，可以连接到ZMC控制器。ZDevelop软件支持串口和以太网连接到控制器，如图2-19所示。实训平台选用EtherCAT总线通信方式，串口连接方式参考附录A。

图2-19　连接到控制器

使用以太网连接控制器时，可以在"连接"选项中看到IP地址选项，单击IP地址列表下拉选择时，会自动查找当前局域网可用的控制器IP地址。控制器出厂的缺省IP地址为192.168.0.11，"连接到控制器"窗口能显示本机IP地址，电脑IP地址需设置成与控制器IP地址处于同一网段，即四段的前三段要相同，最后一段不同才可通信。同一个网络有多个控制器时，可以采取IP扫描来查看，如图2-20所示。

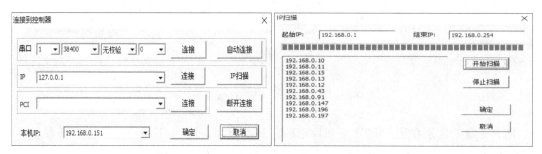

图 2-20 以太网连接时 IP 地址设置

在个人电脑端修改 IP 地址时，要查看电脑本地 IP 协议版本 4 地址是否为 192. 168. 0. ×××，即前三段与控制器一致，最后一段不一样，控制器出厂默认 IP 地址为 192. 168. 0. 11。如果 IP 地址的第三段不一样，则需要把对应的子网掩码改为 0。设置好以后再进行软件连接。

如果控制器 IP 地址被修改，不处于 192. 168. 0. ×××这个网段，此时，只能先通过串口连接控制器，获取控制器 IP 地址，修改本机 IP 地址或控制器 IP 地址使二者处于同一网段。修改控制器 IP 地址的方法有多种，可单击菜单栏"控制器"-"修改 IP 地址"，弹出如图 2-21 所示窗口，此时会显示当前控制器 IP 地址，在窗口可直接输入新的 IP 地址。或在 ZDevelop 菜单栏"控制器"-"控制器状态"查看或通过在线命令获取控制器 IP 地址，控制器 IP 用指令 IP_ADDRESS 修改如图 2-21 所示。修改 IP 地址后，控制器与 ZDevelop 的连接会断开，此时再次选择新设置的 IP 地址连接即可。

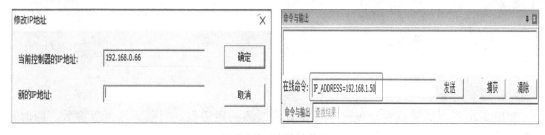

图 2-21 IP 地址修改

输出窗口会弹出提示控制器连接是否成功。若连接失败，会弹出如图 2-22 所示对话框。

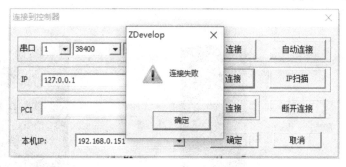

图 2-22 控制器连接失败提示

（6）下载运行程序 单击菜单栏按钮 "下载到 RAM"或按钮 "下载到 ROM"，下载成功后命令和输出窗口会有提示（图 2-23），同时程序下载到控制器并自动运行。

图 2-23 成功下载程序到 RAM 和 ROM

两种下载的区别在于：RAM 下载掉电后程序不保存，ROM 下载掉电后程序保存。下载到 ROM 的程序下次连接上控制器后，程序会自动按照任务号运行。

（7）利用示波器仿真 程序编程完成后需验证程序的正确性，仿真是常用的一种方法，也是进行实物验证前需要进行的一步操作。通过"控制器"-"连接"菜单可以连接到控制器，如果在仿真过程中需要使用到输入输出点的配合，则可以通过"控制器"-"连接到仿真器"来启动仿真器，之后通过打开示波器按钮启动示波器，如图 2-24、图 2-25 所示。

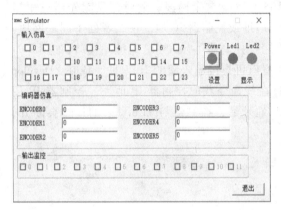

图 2-24 启动仿真器

图 2-25 启动示波器

如图 2-26 所示，可以在设置里选择设置示波器的通道数、间隔、深度等参数。同时可以在示波器界面选择需要监控测量的各种数据，如伺服电动机的位置、速度以及输入输出信号等。单击"启动"按钮，再将编写完毕的程序代码下载到 RAM/ROM 中，这样就可以从示波器观察到需要的数据曲线。

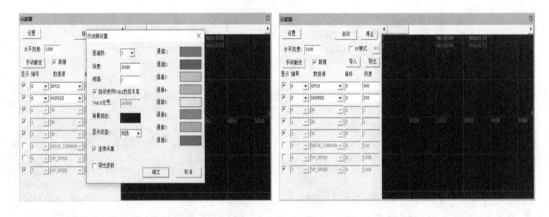

图 2-26 示波器参数设置

2.4 单伺服运动控制指令介绍

实际生产中，有很多生产场景运用到单一伺服的运动控制。例如，预设一个使用传送带进行货物变速传送的工业生产场景。该工艺流程描述如下：当传送带上输送的货物为易碎品时，需要降低传送带的输送速度，以保证货物平稳、安全地运送到下一步工艺流程；当传送带上输送的货物为非易碎品时，可以自动适当提高传送带的速度，从而提高传送带的输送效率，使传送带更高效地将货物运送到下一步工艺流程，工作完成后传送带停止运行。

针对上述生产场景的工艺流程，不难得到如下信息：

1）驱动该传送带的伺服电动机需要在一段时间内按照设定好的速度进行指定方向的连续运行。

2）根据运送物品的不同，需要设定不同的运行速度，并根据条件对速度进行切换。

3）工作完成后，通过停止条件或停止指令，控制传送带停止运行。

综合上述分析结果，先有目的性地学习相关的控制指令，然后再完成整体控制程序设计。虽然选用的正运动运动控制器所使用的开发软件 ZDevelop 支持 BASIC、PLC 和 HML 三种编程语言，但是考虑三种编程语言的特点，后续主要采用 BASIC 语言编程方式。

1. 单轴（或轴组）停止指令——CANCEL

指令类型：单轴运动指令。

指令描述：选定的 BASE 伺服轴减速停止，如果该轴参与了插补运动，那么无论该轴是主轴还是从轴，那么参与插补的轴组停止插补。

需注意的是，如果选定的伺服轴在连续运动停止后，继续绝对位置定位运动的话，必须先 WAIT IDLE 等待轴停止后才可以进行。

指令语法：CANCEL（mode）；

mode 值为 0（缺省）时代表取消当前运动；值为 1 时代表取消缓冲运动；值为 2 时代表取消当前运动和缓冲运动；值为 3 时代表立即中断脉冲发送。

2. 持续运动指令——VMOVE

指令类型：单轴运动指令。

指令描述：连续往一个方向运动。当前一个 VMOVE 运动没有停止时，而再次触发 VMOVE 指令改变电动机转向时，后面触发的 VMOVE 指令会自动替换前面的 VMOVE 指令并修改电动机运动方向，在此过程中不需要停止（CANCEL）前一个 VMOVE 指令。

指令语法：VMOVE（dir1）；

dir1 值为 -1 时代表电动机负向运动，值为 1 时代表电动机正向运动。

指令举例：

```
BASE(0)                        '选择 0 号轴
DPOS = 0                       '设置 0 号轴指令位置为 0
ATYPE = 1                      '设置轴为脉冲轴
SPEED = 100                    '速度值设为 100units/s
ACCEL = 1000                   '加速度值设为 1000units/s²
DECEL = 1000                   '减速度值设为 1000units/s²
```

SRAMP = 100	'电动机速度曲线为 S 型曲线,加减速变化时间为 100ms
VMOVE(-1)	'电动机持续负向运动
WAIT UNTIL IN(0) = ON	'等待 0 号通道输入变为高电平
VMOVE(1)	'电动机持续正向运动,速度不变

如图 2-27 所示,曲线 2(电动机位置曲线)先向负方向变化,输入信号 0 触发后,电动机位置逐渐向正方向变化;而曲线 1(电动机速度曲线)先是以-100units/s 的大小运行,输入信号 0 触发后速度由-100units/s 变为+100units/s,继而电动机以+100units/s 的速度持续运行。

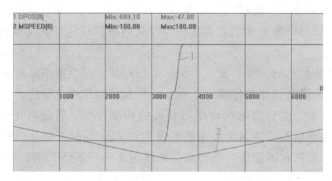

图 2-27　持续运动电动机速度及位置曲线

3. 正向运动指令——FORWARD

指令类型:单轴运动指令。

指令描述:选定的伺服电动机连续正方向运动。如果在 FORWARD 指令运行过程中切换电动机转向,则必须先执行 CANCEL 指令停止轴现在的运动,再使用负向运动指令。

指令语法:FORWARD [axis(轴号)];

指令举例:

BASE(0)	'选择 0 号轴
FORWARD	'轴 0 持续正向运动
WAIT UNTIL IN(1) = ON	'等待 1 号通道输入变为高电平
CANCEL(2)	'取消 0 号轴当前运动和缓冲运动

4. 负向运动指令——REVERSE

指令类型:单轴运动指令。

指令描述:选定的伺服电动机连续负方向运动。如果在 REVERSE 指令运行过程中切换电动机转向,则必须先执行 CANCEL 指令停止轴现在的运动,再使用正向运动指令。

指令语法:REVERSE [axis(轴号)];

指令举例:

BASE(0)	'选择 0 号轴
REVERSE	'轴 0 持续负向运动
WAIT UNTIL IN(1) = ON	'等待 1 号通道输入变为高电平
CANCEL(2)	'取消 0 号轴当前运动和缓冲运动

从上述指令介绍中可以发现,在对电动机进行连续运动换向控制时,VMOVE 指令和

FORWARD/REVERSE 指令可以实现相同的控制效果。不同的是，使用 VMOVE 指令对伺服电动机运转方向变换时，只需要再次直接发出 VMOVE 指令即可，而使用 FORWARD/RE-VERSE 指令时，则需要先使用 CANCEL 指令停止轴的当前运动，然后再使用指令进行换向操作控制。使用时可以根据实际的应用工艺环境和使用习惯自行选择。

单一伺服电动机的运动控制除了连续运动，还有另外一种运动方式——定位运动，即根据操作者的设定和控制，伺服电动机向正方向或负方向旋转一个指定的角度，之后停止或继续其他的运动。例如，预设一个这样生产场景，使用并联机器人抓取生产好的产品（如饼干、巧克力等），然后将产品整齐地摆放到包装袋内，包装袋安放在传送带上，如图 2-28 所示，当并联机器人操作范围

图 2-28 传送带相对定位运动

内产品空位摆满以后，会有检测信号发出，这时并联机器人会暂停，而承载有包装袋的传送带会向前定位移动一定距离，之后并联机器人继续运行。针对上述案例的工艺流程，继续学习相关的控制指令，然后再完成控制程序设计。

5. 直线运动指令——MOVE

指令类型：多轴运动指令（也可用作单轴运动）。

指令描述：单轴运动时，该轴相对运动一段指定的距离，多轴运动时则执行直线插补运动，相对运动一段距离。直线插补的相关知识和应用将在后续章节讲解，在这里只考虑单轴运动的控制模式。

指令语法：MOVE(distance1 [,distance2 [,distance3 [,distance4…]]])

distance1 值为第 1 个轴相对运动的距离；distance2 值为第 2 个轴相对运动的距离，后面以此类推。因为在这里只考虑单轴运动的控制模式，所以只需要定义 distance1 的值即可。

指令举例：

```
BASE(0)            '选择 0 号轴
ATYPE = 1          '设为脉冲轴类型
UNITS = 100        '脉冲当量设置
SPEED = 100        '轴直线定位运动速度为 100units/s
ACCEL = 1000       '加速度值设为 1000units/s²
DECEL = 1000       '减速度值设为 1000units/s²
DPOS = 0           '设置 0 号轴指令位置为 0
TRIGGER            '自动触发示波器
MOVE( 500 )        '轴 0 直线运动相对距离
WAIT IDLE          '等待运动停止
```

图 2-29 所示为程序运行结果图。

单一伺服电动机除了相对定位，还有另外一种定位方式——绝对定位。二者的区别在于相对定位是控制伺服电动机以当前位置为起点，向某一方向运行指定的距离；而绝对定位则

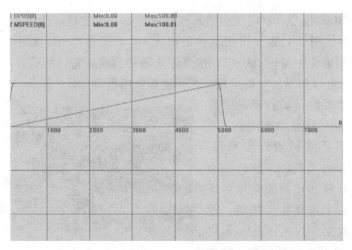

图 2-29　直线定位运动电动机运行速度及位置曲线

不关注伺服电动机的当前位置，控制电动机运行到参考坐标系的指定坐标位置。

在高精度自动化设备上都有自己的参考坐标系，工件的运动可以定义为在坐标系上的运动，坐标系的原点即为运动的起始位置，各种加工数据都是以原点为参考点计算的，所以启动控制器执行运动指令之前，设备都要进行回零操作，回到设定的参考坐标系原点，若不进行回零操作，会导致后续运动轨迹错误，这里就会用到回零指令。

6. 回零指令——DATUM

指令类型：单轴运动指令。

指令描述：单轴找原点运动。原点开关通过 DATUM_IN 设置，正负限位开关分别通过 FWD_IN 和 REV_IN 设置。ZMC 系列控制器为 0 触发有效，即输入为 OFF 状态时，表示到达原点/限位。如果原点/限位信号为常开类型信号，则需采用 INVERT_IN 反转电平，以满足控制器要求。此指令为单轴回零指令，多轴回零时，需要对每个轴都使用 DATUM 指令。

指令语法：DATUM(mode)

Mode 值为回零模式。正运动控制器提供了多种回零方式，通过 DATUM 指令设置，不同模式值选择不同的回零方式。Mode 取值含义描述见表 2-2。

表 2-2　回零指令各模式值含义描述

Mode 值	含义描述
0	清除所有轴的错误状态
1	轴以 CREEP 速度正向运行，直到 Z 信号出现。碰到限位开关会直接停止。DPOS 值重置为 0 的同时纠正 MPOS
2	轴以 CREEP 速度反向运行直到 Z 信号出现。碰到限位开关会直接停止。DPOS 值重置为 0 的同时纠正 MPOS
3	轴以 SPEED 速度正向运行，直到碰到原点开关。然后轴以 CREEP 速度反向运动直到离开原点开关。找原点阶段碰到正限位开关会直接停止。爬行阶段碰到负限位开关会直接停止。DPOS 值重置为 0 的同时纠正 MPOS
4	轴以 SPEED 速度反向运行，直到碰到原点开关。然后轴以 CREEP 速度正向运动直到离开原点开关。找原点阶段碰到负限位开关会直接停止。爬行阶段碰到正限位开关会直接停止。DPOS 值重置为 0 的同时纠正 MPOS

（续）

Mode 值	含义描述
5	轴以 SPEED 速度正向运行,直到碰到原点开关。然后轴以 CREEP 速度反向运动直到离开原点开关,然后再继续以爬行速度反转直到碰到 Z 信号。碰到限位开关会直接停止。DPOS 值重置为 0 的同时纠正 MPOS
6	轴以 SPEED 速度反向运行,直到碰到原点开关。然后轴以 CREEP 速度正向运动直到离开原点开关,然后再继续以爬行速度正转直到碰到 Z 信号。碰到限位开关会直接停止。DPOS 值重置为 0 的同时纠正 MPOS
8	轴以 SPEED 速度正向运行,直到碰到原点开关。碰到限位开关会直接停止
9	轴以 SPEED 速度反向运行,直到碰到原点开关。碰到限位开关会直接停止

注：1. Z信号。伺服电动机编码器的 Z 项信号,电动机旋转一周,Z 信号输出一个脉冲,Z 信号为零位信号。
　　2. DPOS。轴指令位置,属于轴状态指令。指的是轴的虚拟坐标位置或称为需求位置,DPOS 值写入会自动转换为轴的偏移位置 OFFPOS,不会移动电动机。
　　3. MPOS。轴编码器反馈位置,属于轴状态指令。指轴的测量反馈位置,DPOS 值写入会自动转换为轴的偏移位置 OFFPOS。

指令举例：

```
BASE(0)            '主轴为轴 0
DPOS=0             '设置 0 号轴指令位置为 0
ATYPE=1            '设置为脉冲轴类型
SPEED=100          '找原点速度
CREEP=10           '反向爬行速度
DATUM_IN=5         '输入 IN5 作为原点开关
INVERT_IN(5,ON)    '反转 IN5 电平信号,常开信号进行反转(ZMC 控制器)
TRIGGER            '自动触发示波器
DATUM(3)           '轴 0 先以 100units/s 正向回零,找到原点后以 10units/s 直到离
                    开原点,同时 DPOS 清 0
```

程序运行结果如图 2-30 所示。

现实中,对于原点在正负限位中间的情况,在各个模式上加 10,表示在回零过程中碰到限位不取消运动,而是继续反向去找原点,其他条件均与原模式相同,例如 DATUM(13)=模式 3+限位反找 10。由于原点在正负限位开关之间,因此在回零途中至多遇到一个限位开关。

下面就针对表 2-2 涉及的各种回零方式进行详细的解释说明。

方式 1：Z 信号模式,如图 2-31 所示,

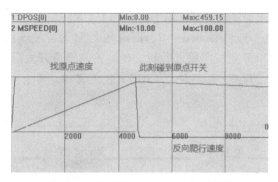

图 2-30 电动机回零速度及位置曲线

轴以 CREEP 速度运行直到 Z 信号出现。DPOS 值自动重置为 0 的同时纠正 MPOS。只有在 ATYPE 设置为 4 或 7,并且将对应轴编码器 Z 相接入时有效,回零途中碰到正负限位开关直接停止。mode=1 时正向回零,mode=2 时负向回零。

方式 2：原点+反找模式，如图 2-32 所示，轴以 SPEED 速度向原点运行，直到碰到原点开关。然后轴以 CREEP 速度反向运动直到离开原点开关。DPOS 值自动重置为 0 的同时纠正 MPOS，回零途中碰到正负限位开关直接停止。mode = 3 时正向回零，mode = 4 时负向回零。

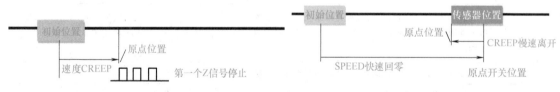

图 2-31　Z 信号模式回零（限位停止）　　　　图 2-32　原点加反找模式回零

方式 3：mode = 5 时为原点+反找+Z 信号模式，如图 2-33 所示，轴以 SPEED 速度向原点运行，直到碰到原点开关。然后轴以 CREEP 速度反向运动直到离开原点开关，然后再继续以爬行速度反转直到碰到 Z 信号。DPOS 值自动重置为 0 的同时纠正 MPOS。只有在 ATYPE 设置为 4 或 7，并且将对应轴编码器 Z 相接入时有效，回零途中碰到正负限位开关直接停止。mode = 5 正向回零，mode = 6 负向回零。

方式 4：mode = 8 时为原点一次回零模式，如图 2-34 所示，轴以 SPEED 速度向原点运行，直到碰到原点开关。DPOS 值自动重置为 0 的同时纠正 MPOS，回零途中碰到正负限位开关直接停止。mode = 8 正向回零，mode = 9 负向回零。

图 2-33　原点加反找加 Z 信号模式回零（限位停止）　　图 2-34　原点一次模式回零（限位停止）

方式 5：mode = 11 时为 Z 信号模式，如图 2-35 所示，轴以 CREEP 速度运行，遇到限位开关不停止，继续以 CREEP 速度方向运行，直到 Z 信号出现。

方式 6：mode = 13 正向运行时为原点+反找模式+限位反向，如图 2-36 所示，轴以 SPEED 速度向原点运行，碰到正向限位开关后不停止，再以 SPEED 速度反向运行直到碰到原点开关，然后轴以 CREEP 速度慢速运动，直到离开原点开关。

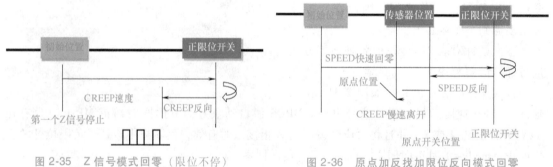

图 2-35　Z 信号模式回零（限位不停）　　　　图 2-36　原点加反找加限位反向模式回零

方式 7：mode = 15 为原点 + 反找 + Z 信号模式，如图 2-37 所示，轴以 SPEED 速度向原点运行，中途遇到限位开关不停止，继续以 SPEED 速度反向运动，直到碰到原点开关，然后轴以 CREEP 速度反向运动直到离开原点开关，然后再继续以爬行速度反转，直到碰到 Z 信号。

方式 8：mode = 18，原点一次回零模式，如图 2-38 所示，轴以 SPEED 速度向原点运行，中途遇到限位开关不停止，继续以 SPEED 速度反向运动，直到碰到原点开关后停止。

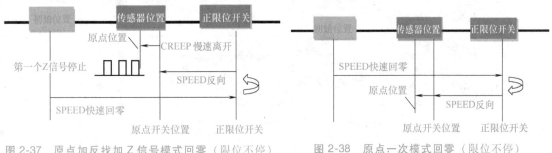

图 2-37　原点加反找加 Z 信号模式回零（限位不停）　　图 2-38　原点一次模式回零（限位不停）

上述回零方式 5~8 均为加 10 模式，即原点在正负限位中间，在各个模式上加 10，表示在回零过程中碰到了限位不取消运动，而是继续反向去找原点。

7. 直线运动（绝对）指令——MOVEABS

指令类型：**多轴运动指令（也可以用作单轴运动）。**

指令描述：单轴运动时，该伺服轴以绝对方式运动到指定坐标，多轴运动时则执行直线插补运动，绝对运动到指定坐标。直线插补的相关知识和应用将在后续章节讲解，在这里只考虑单轴运动的控制模式。

指令语法：MOVEABS(position1[，position2[，position3[，position4...]]])

position1 值为第 1 个轴绝对运动的坐标，position2 值为第 2 个轴绝对运动的坐标，后面以此类推。因为在这里我们只考虑单轴运动的控制模式，所以只需要定义 position1 的值即可。

指令举例：

```
BASE(0)              '选择 0 号轴
ATYPE = 1            '设为脉冲轴类型
UNITS = 100          '脉冲当量设置
DPOS = 0             '设置 0 号轴指令位置为 0
MPOS = 0             '设置 0 号轴反馈位置为 0
SPEED = 100          '轴直线绝对定位运动速度为 100units/s
ACCEL = 1000         '加速度值设为 1000units/s²
DECEL = 1000         '减速度值设为 1000units/s²
TRIGGER             '自动触发示波器
MOVEABS(300)        '轴 0 绝对定位运动到 300
```

程序运行仿真结果如图 2-39 所示。

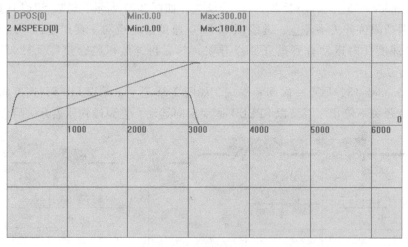

图 2-39　电动机绝对定位速度及位置曲线

2.5　单伺服运动程序设计及仿真

针对上节应用案例，进行分析、编程，并通过仿真观察程序的运行情况和控制效果。

例 1　使用传送带变速传送货物如图 2-40 所示。当传送带上输送的货物为易碎品时，需要降低传送带的输送速度，以保证货物平稳、安全地运送到下一步工艺流程；当传送带上输送的货物为非易碎品时，可以自动适当地提高传送带的速度，从而提高传送带的输送效率，使传送带更高效地将货物运送带入一步工艺流程，工作完成后，传送带停止运行。

图 2-40　传送带变速传送货物

传送带伺服电动机选用 0 号轴，使用输入信号 IN（0）代替易碎品的检测信号，使用输入信号 IN（1）代替非易损品检测信号，使用输入信号 IN（2）代替工作完成停止信号。传送带慢速设定为 30units/s，快速设定为 100units/s，加减速度曲线选用 S 曲线，加速变化时间设定为 100ms。控制程序框架及代码如下：

```
BASE(0)          '选择 0 号轴
DPOS=0           '设置 0 号轴位置为 0
ATYPE=1          '设置轴为脉冲轴
```

```
SPEED = 30                  '速度值设为 30units/s
ACCEL = 1000                '加速度值设为 1000units/s²
DECEL = 1000                '减速度值设为 1000units/s²
SRAMP = 100                 '电动机速度曲线为 S 曲线,加减速度变化时间为 100ms
TRIGGER                     '自动触发示波器
WAIT UNTIL IN(0) = ON       '等待 0 号通道输入变为高电平
VMOVE(1)                    '电动机持续正向运动,速度为 30
WAIT UNTIL IN(1) = ON       '等待 1 号通道输入变为高电平
SPEED = 100                 '速度值设为 100units/s
VMOVE(1)                    '电动机持续正向运动,速度变为 100units/s
WAIT UNTIL IN(2) = ON       '等待 2 号通道输入变为高电平
CANCEL(0)                   '取消当前运动
```

程序运行仿真结果如图 2-41 所示。

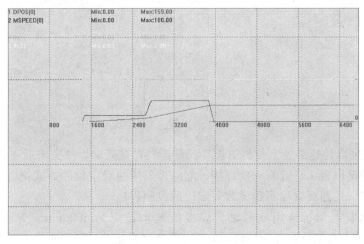

图 2-41　例 1 电动机速度及位置曲线

　　例 2　使用并联机器人抓取生产好的产品（如饼干、巧克力等），再将产品整齐地摆放到传送带上的包装袋内，如图 2-28 所示。当并联机器人操作范围内产品空位摆满以后，会有检测信号发出，这时并联机器人会暂停。而承载有包装袋的传送带收到信号后会向前定位移动一定距离，之后并联机器人继续运行，直到产品空位再次摆满，继续发出检测信号，重复上一动作。按照上述要求编写传送带的控制程序。

　　传送带伺服电动机选用 1 号轴，并联机器人发出的空位摆满的检测信号使用输入信号 IN（0）代替。传送向前定位距离设定为 1000units，定位速度设定为 200units/s，加减速度设定为 1000units/s²。程序框架及代码如下：

```
BASE(1)                     '选择 1 号轴
ATYPE = 1                   '设为脉冲轴类型
UNITS = 100                 '脉冲当量设置
SPEED = 200                 '轴直线定位运动速度为 200units/s
ACCEL = 1000                '加速度值设为 1000units/s²
```

DECEL = 1000	'减速度值设为 1000units/s²
DPOS = 0	'设置 1 号轴位置为 0
TRIGGER	'自动触发示波器
WAIT UNTIL IN(0) = ON	'等待 0 号通道输入变为高电平
MOVE(1000)	'轴 1 直线运动相对距离为 1000units
WAIT IDLE	'等待运动停止

程序运行仿真结果如图 2-42 所示。

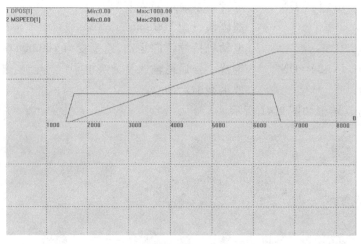

图 2-42　例 2 电动机速度及位置曲线

例 3　焊接夹取传递装置定位传送焊件，传递装置在夹取焊件完成后先采取绝对定位的方式把焊件传送至位置 1 进行第一次焊接，之后再采用绝对定位的方式把焊件传送至位置 2 进行第二次焊接，按照要求编写传递装置定位的控制程序。

传送装置伺服电动机选用 0 号轴，焊接位置 1 设定为 500units，焊接位置 2 设定为 100units，定位传送速度设定为 100units/s，加减速度设定为 1000units/s²。控制程序框架及代码如下：

BASE(0)	'选择 0 号轴
ATYPE = 1	'设为脉冲轴类型
UNITS = 100	'脉冲当量设置
DPOS = 0	'设置 0 号轴指令位置为 0
MPOS = 0	'设置 0 号轴反馈位置为 0
SPEED = 100	'轴直线绝对定位运动速度为 100units/s
ACCEL = 1000	'加速度值设为 1000units/s²
DECEL = 1000	'减速度值设为 1000units/s²
TRIGGER	'自动触发示波器
MOVEABS(500)	'轴 0 绝对定位运动到 500
MOVEABS(100)	'轴 0 绝对定位运动到 100

上述应用案例中，如果使用 MOVE 相对运动，其他条件不变，程序运行仿真结果如图 2-43 所示。将 MOVEABS 指令改为 MOVE 指令，运动轨迹如图 2-44 所示。

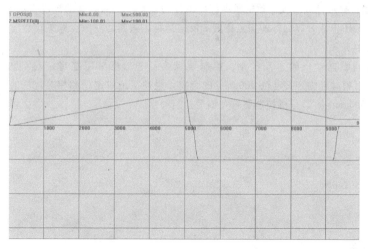

图 2-43 例 3 电动机的速度及位置曲线

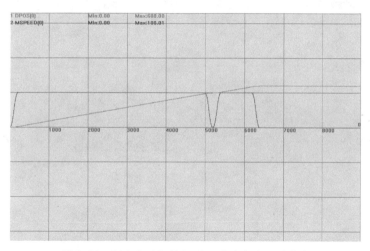

图 2-44 例 3 电动机的相对运动速度及位置曲线

思考与练习题

1. 什么叫伺服系统？

2. 简述伺服电动机的主要分类及各种伺服电动机的特点。

3. 伺服驱动器的主要作用是什么？伺服驱动器主要包含哪几个部分？

4. 简述 PWM 信号死区的主要作用。

5. 简述伺服运动控制的主要分类。

6. 简述工业机器人位置控制的几种形式。

7. 完成一台伺服电动机的运动控制，控制要求为：当接收到正转信号 IN0 时，伺服电动机以 100units/s 的速度连续正转；当接收到反转信号 IN1 时，伺服电动机以 200units/s 的速度连续反转，当接收到停止信号 IN2 时，伺服电动机停止运行，运行过程中伺服电动机加减速度设置为 1000units/s^2。分析控制要求并编写控制程序。

8. 电动机直线定位运动有哪几种形式？简述每种形式的特点。

9. 按照回零动作要求完成伺服电动机回零程序的编写。要求：伺服电动机以指定速度 1 向原点运行，碰到正向限位开关后不停止，以同样的指定速度 1 反向运行，直到碰到原点开关，然后再以指定速度 2 慢速运动直到离开原点开关。

10. 完成一台伺服电动机的运动控制，控制要求为：电动机采用绝对定位的方式先定位到位置 1000units，然后采用相对定位方式定位-300units 的距离。电动机绝对定位和相对定位的速度为 100units/s，加减速度设置为 1000units/s^2。分析控制要求并编写控制程序。

第3章　伺服系统同步运动（电子齿轮）设计

3.1　多伺服同步运动控制原理及应用

　　齿轮以传动比准确、传递功率大、传动平稳等特点在工业中得到广泛应用。齿轮发明的时间很早，在公元前 350 年，古希腊著名哲学家亚里士多德的著作中就有对齿轮的记载，公元前的齿轮如图 3-1 所示。在公元前 250 年左右，阿基米德也在文献中描述了使用蜗轮蜗杆的卷扬机。齿轮在我国的历史也源远流长。据史料记载，在公元前 400 年至公元前 200 年的中国就已开始使用齿轮，迄今为止我国发现的历史最久远的齿轮是山西出土的青铜齿。众所周知的指南车就是用齿轮机构作为核心装置的代表物品，它充分反映了我国古代科学技术的成就和水平。直到 17 世纪末，人们才正式开始

图 3-1　公元前的齿轮

研究轮齿运动。欧洲工业革命以后，齿轮传动的应用日益广泛，先是发展摆线齿轮，而后是渐开线齿轮，一直到 20 世纪初，渐开线齿轮已在应用中占据优势。其后又发展了变位齿轮、圆弧齿轮、锥齿轮和斜齿轮等。

　　但在某些应用领域，如印刷行业，齿轮传动存在：运转时有振动、冲击和噪声，并产生动载荷；无过载保护功能；不适于远距离传动；传动误差大；难以实现分布传动等缺陷。因此，自 20 世纪 60 年代以来，人们一直在研究以电气传动控制系统取代机械齿轮传动链，实现两个甚至多个运动的定比传动规律；这方面的研究和概念很多，如电子同步、电轴、多机定比传动等，但他们的工作原理及功能相同，本文称其为电子齿轮。所谓电子齿轮，概括地讲就是能实现机械齿轮定比传动功能的电气传动系统。电子齿轮只是一个形象的概念，其涵盖范围已经超出了机械齿轮。随着微电子技术、电力电子技术、电传动技术、控制技术以及计算机技术的发展，以电子齿轮代替机械齿轮实现准确传动关系的技术得到了广泛的应用。

　　与机械齿轮相比，电子齿轮的运动信息与能量是分开传输的，信息的传递是通过电子电路及相关的软件实现的，传递精度很高；在电子齿轮传动的末端，才有能量的加入及机械形式的传动。各运动单元采用独立驱动方法，易于实现分布式传动。

　　电子齿轮最基本的功能是实现定比传动。由于电气传动控制的灵活性，电子齿轮还可以实现变比，甚至实现任意函数规律传动，这样电子齿轮不仅可以实现机械齿轮传动的所有功

能，还可以实现机械传动难以实现或不能实现的传动规律。这里的传动既可以是旋转-转动传动方式，也可以是旋转-直线传动方式，亦或者是直线-直线传动。

电子齿轮按结构可分为主从式和平行式两种传动方式，如图 3-2 所示。主从式电子齿轮的工作原理是从轴对主轴的跟踪随动控制，主轴运动经编码器检测后，由电子齿轮模块变换后作为从轴的给定控制信号，该信号与从轴运动的检测反馈信号进行比较，获得的偏差值由控制器进行调节，并控制从运动，从而实现电子齿轮模块所规定的运动规律；平行式电子齿轮是对每一个从轴都独立控制，通过公用的速度给定控制信号和各自的速比控制器，使各通道相互耦合而实现传动规律的控制。

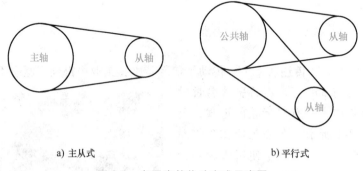

a) 主从式　　　　　　　　　　　　　　b) 平行式

图 3-2　电子齿轮传动方式示意图

根据电子齿轮传动方式的描述，一般把被跟随的轴称为主轴（或公共轴），而把跟随的轴叫从轴，从轴按照某个设定的比率（ratio）连接到主轴（或公共轴）上，当主轴（或公共轴）运动时，与之连接的从轴跟随主轴（或公共轴）运动。连接主轴和从轴的设定比率（ratio）经由上文提到的电子齿轮模块计算后，作为从轴给定控制信号中的一部分内容，在从轴控制中起到作用。把连接主轴和从轴的比率（ratio）称为传动比率，并使用脉冲个数对其进行设定，一般情况下，传动比率是指主轴速度与从轴速度之比。电子齿轮能够灵活设置传动比率，传动比率还可以重复调用指令以实现动态变化，从而达到节省机械系统安装时间的目的。当主轴速度变化时，从轴会根据设定好的传动比率自动改变速度。

电子齿轮的作用和优点主要包括：

（1）避免机械磨损，提高控制精度　利用电子齿轮不仅可以增加传动系统的柔性，减少传动元件数量和传动链长度，还可以实现小数传动比、提高传动精度。

（2）传动比率调整灵活，控制曲线平滑　一般来说，电动机与驱动机构是直连的，机械结构固定后，传动比率也就固定了，而电子齿轮不仅可以灵活调整传动比率，还可以根据实际使用情况匹配电动机发出的脉冲数与机械最小移动量之间的对应比例，实现电动机的无级变速，在电动机起动和停止时，可以防止出现失步和过冲现象，充分发挥电动机的潜能。

（3）传递同步运动信息，实现坐标的联动、运动形式之间的变换（旋转-旋转，旋转-直线，直线-直线）、简化控制等。

电子齿轮以其众多优点广泛应用于生产加工和制造领域中，很大程度上取代了机械齿轮传动链。下面对电子齿轮在工业中的典型应用进行简要的举例介绍。

（1）电子齿轮在机床内联传动上的应用　内联传动是机床传动的一种重要形式，要求传动链的首端件与末端件满足一定的传动关系，以便两个运动的合成运动能够满足加工表面特性的需要。内联传动链应保持传动比率的准确。机械内联传动链常采用的传动系统有齿轮传动、蜗轮蜗杆传动与滚珠丝杠传动。由于机械传动链中零件的制造和安装存在误差，使得内联传动链首端件和末端件不能按理想的传动关系进行运动，存在传动误差。这种误差是影响加工精度的主要因素，且传动链的刚性差，易产生振动和噪声，使机床的动态性能降低。采用电子齿轮传动可以简化传动链，动力源经过很短的传动链或直接驱动负载，取消了大量中间传动环节，传动误差大大减少，同时改善机床机构，提高机床刚度，满足高速、高精度加工的需要。电子齿轮系统在需要内联传动关系的数控齿轮、螺纹加工机床上获得了广泛应用。例如：采用主从结构电子齿轮系统的滚齿加工机床，以滚刀轴为主运动，工作台为从运动，实现了展成传动链与差动传动链。与普通机床相比，加工精度提高，加工速度提高30%，调整时间缩短 10% ~ 30%。

（2）电子齿轮在连续生产系统中的应用 许多连续工艺过程的工业设备，如热连轧机和冷连轧机、造纸机、聚合物加工生产线、纺织染整机械等，对传动系统的要求是相似的，即采用多单元分布传动。单元数量往往多达几十个，各单元由单独电动机驱动；从工艺过程和保持两个单元间给定张力的条件出发，各单元机之间的速度关系必须严格保持不变，必须在某一精度下长时间地稳定所加工带材（金属、纸张、聚合胶片、纺织物等）的线速度；各单元机通过同步传动，保持加工时的适度张力，避免加工过程中带材伸长或产生折皱。图 3-3 所示为连续生产系统传动示意图，这类设备的传动结构通常采用平行式电子齿轮箱结构，通过共同加工的带材负载以及通过公用的速度给定和各个分部速度比值控

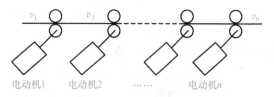

图 3-3 连续生产系统传动示意图

制，使分部系统相互耦合。稳速性能是这类电子齿轮传动的重要指标。按照公用的速度给定和各个分部速度比值控制方式不同，可分为并联和串联控制。并联控制中各分部的速度比值控制器都连接在共用速度给定上；串联控制中上一级速比控制器输出作为下一级速比控制器的输入；另外还有并联和串联控制方式相结合的复合控制。此外，在某些检测仪器设备中采用电子齿轮箱传动，可以实现特殊的信息传递规律。

在没有电子齿轮之前，通常在外部设定速度指令不变的情况下，通过改变电动机轴输出侧机械齿轮的比值来改变电动机的转速，而通过电子齿轮比的参数值设定，可以在机械设定的速度指令不变的情况下灵活改变电动机的连接速率比值以匹配用户的实际需求。但是电子齿轮也存在一定的局限性，比如，电子齿轮只能改变转速比，并不具备机械齿轮在转速比变化的同时改变转矩的特性。所以需要将电动机的输出转矩进行低速放大时，就不能通过电子齿轮来实现，还需使用机械齿轮。

3.2 多伺服同步运动控制指令介绍

上一节是电子齿轮在实际生产中的应用情况，那么使用程序语言如何实现电子齿轮的功能呢？我们先预设一个使用电子齿轮的工业生产场景。该工艺流程如下：在轮胎生产的过程中，有一个环节需要将不同材质的胶片按照工艺顺序贴在贴合鼓（一个水平放置的圆柱形

部件，如图 3-4 所示）上，不同材质的胶片会通过传送带按照顺序输送到贴合鼓。贴合过程中，首先传送带会和贴合鼓按照 1∶1 的比率定位一定长度，操作人员处理接头后触发起动按钮，传送带和贴合鼓按照 0.9∶1 的比率完成剩余长度的定位。

图 3-4　轮胎成型机贴合鼓与传送带同步贴料

针对上述生产场景的工艺流程，不难得到如下信息：

1）该工艺流程每次运动涉及两个伺服轴，根据比例关系和工艺特点选定贴合鼓伺服电动机作为主轴，选定传送带电动机作为从轴。

2）主轴贴合鼓电动机和从轴传送带电动机首先需建立电子齿轮关系，之后按照设定的电子齿轮的传动比率，两个伺服电动机轴先进行一次定位运动。

3）第一次定位运动完成后，需要收到起动指令，代表操作人员操作完毕，这时主轴贴合鼓电动机和从轴传送带电动机按照新的传动比率建立电子齿轮关系，再次进行定位运动。

综合上述分析结果，先有目的性地学习相关的控制指令，然后再完成整体控制程序设计。

1. 同步运动指令——CONNECT

指令类型：同步运动指令。

指令描述：将当前轴（从轴）的目标位置与 driving_axis 轴（主轴）的测量位置通过电子齿轮连接。主轴和从轴连接的关系是通过脉冲个数来反映的，要考虑不同轴 UNITS 的比例。需要取消两个轴之间的连接时，使用 CANCEL 指令实现。

假设连接主轴 1 的 UNITS 为 100，连接从轴 0 的 UNITS 为 10，使用 CONNECT 指令将从轴 0 连接到主轴 1，电子齿轮连接比率 ratio 为 1，当主轴 1 运动距离 s1 = 100 时，从轴 0 的运动距离 = s1 * UNITS（1）* ratio/UNITS（0），得到从轴运动距离为 1000。电子齿轮连接比率可以通过重复调用指令来动态调整。

指令语法：CONNECT（ratio, driving_axis）

ratio：为电子齿轮的比率，可为正数，也可以为负数，需要注意电子齿轮比率是脉冲个数的比例。

driving_axis：主轴的轴号，可以是实际的伺服轴，可以是编码器轴，也可以是虚轴。

指令举例：

```
RAPIDSTOP(2)          '清空所有轴的所有运动缓冲
WAIT IDLE(0)          '等待 0 号轴运动停止
WAIT IDLE(1)          '等待 1 号轴运动停止
BASE(0,1)             '选择 0 号轴和 1 号轴
ATYPE = 1,1           '设置轴为脉冲轴
UNITS = 10,100        '0 号轴与 1 号轴脉冲当量设置
DPOS = 0,0            '设置 0 号轴和 1 号轴指令位置为 0
SPEED = 100,100       '设置 0 号轴和 1 号轴速度为 100units/s
```

```
ACCEL = 1000,1000              '设置 0 号轴和 1 号轴加速度为 1000units/s²
DECEL = 1000,1000              '设置 0 号轴和 1 号轴减速度为 1000units/s²
TRIGGER'自动触发示波器        '自动触发示波器
MOVE(100)AXIS(1)              '1 号轴相对运动距离为 100(此时轴 0 不动)
WAIT IDLE(1)                  '等待运动停止
CONNECT(1,1)AXIS(0)          '0 号轴连接到 1 号轴,电子齿轮比率为 1
MOVE(100)AXIS(1)             '1 号轴相对运动距离为 100(0 号轴相对距离为 1000)
```

图 3-5 显示的是在同步运动指令下，主轴 1 号轴和从轴 0 号轴的运行位置曲线，坐标系横轴是时间，纵轴是 1 号轴和 0 号轴在某时刻的位置。如果将两个轴的运动合成，那么得到的曲线应该如图 3-6 所示，图中横轴是从轴 0 号轴的位置，纵轴是主轴 1 号轴的位置，曲线代表两个轴的运动合成轨迹。

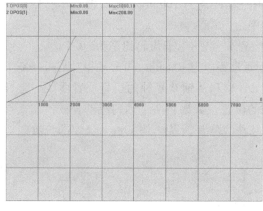

图 3-5　同步运动指令下主轴与从轴的位置曲线　　图 3-6　同步运动指令下主轴与从轴的运动合成轨迹

2. 同步运动指令 2——CONNPATH

指令类型：同步运动指令。

指令描述：将当前轴（从轴）的目标位置与 driving_axis 轴（主轴）的插补矢量长度通过电子齿轮连接。主轴和从轴连接的关系是通过脉冲个数反映的，要考虑不同轴 UNITS 的比例。当需要取消两个轴之间的连接时，应使用 CANCEL 指令实现。

指令语法：CONNPATH（ratio,driving_axis）

指令 CONNPATH 与 CONNECT 的区别在于：首先在于针对多轴插补运动的连接，CONNECT 连接的是单个轴的目标位置；而 CONNPATH 连接的是插补轴的矢量长度，此时需要连接在插补运动的主轴上，如果连接到插补从轴上而无法跟随插补运动。连接到主轴后，跟踪主轴与从轴插补矢量的长度而变化，而不是单独跟踪主轴或者从轴运动。其次，CONNPATH 指令中的从轴位置是根据电子齿轮比率和主轴的命令位置 DPOS 计算的，而 CONNECT 指令中的从轴位置是根据电子齿轮比率和主轴的反馈位置 MPOS 计算的。一般情况下两个指令控制效果相同，但是如果主轴在运行中由于外部机械原因发生了卡死或卡顿，那么采用 CONNECT 指令控制的从轴同时也会受到影响，而采用 CONNPATH 指令控制的从轴则不会受到主轴位置变化异常的影响，仍然会按照指令计算出的位置继续运行。

指令举例：

RAPIDSTOP(2)   '清空所有轴的所有运动缓冲

WAIT IDLE(0)   '等待0号轴运动停止

WAIT IDLE(1)   '等待1号轴运动停止

BASE(0,1)   '选择0号轴和1号轴

DPOS=0,0   '设置0号轴和1号轴指令位置为0

ATYPE=1,1   '设置轴为脉冲轴

UNITS=10,100   '0号轴与1号轴脉冲当量设置

SPEED=100,100   '设置0号轴和1号轴速度为100units/s

ACCEL=1000,1000   '设置0号轴和1号轴加速度为1000units/s^2

DECEL=1000,1000   '设置0号轴和1号轴减速度为1000units/s^2

TRIGGER'自动触发示波器   '自动触发示波器

MOVE(100)AXIS(1)   '1号轴相对运动距离为100units(此时轴0不动)

WAIT IDLE(1)   '等待运动停止

CONNPATH(-0.5,1)AXIS(0) '0号轴连接到1号轴,电子齿轮比率为-0.5

MOVE(100)AXIS(1)   '1号轴相对运动距离为100units,(0号轴相对距离-500)

图3-7显示的是在同步运动指令2下,主轴1号轴和从轴0号轴的运行位置曲线,坐标系横轴是时间,纵轴是1号轴和0号轴在某时刻的位置。如果将两个轴的运动合成,那么得到的曲线应该如图3-8所示,图中横轴是从轴0号轴的位置,纵轴是主轴1号轴的位置,曲线就代表两个轴的运动合成轨迹。

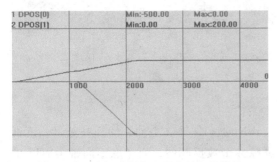

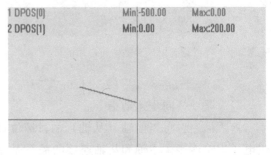

图3-7 同步运动指令2下主轴与从轴的   图3-8 同步运动指令2下主轴与从轴的

     运行位置曲线   运动合成轨迹

3. 单轴（或轴组）停止指令——CANCEL

该指令的详细功能在上一章有过介绍,在此不重复赘述,需要补充的是在多轴插补运动中,CANCEL某一个轴,能作用于参与插补运动的所有轴。下面主要介绍该指令的若干应用案例。

例1 假设0号轴先执行相对定位到1000（当前运动）,然后再执行相对定位到-1000（缓冲运动）,使用CANCEL指令取消0号轴的缓冲运动,则相关指令如下所示：

BASE(0)   '选择0号轴

DPOS=0   '设置0号轴指令位置为0

ATYPE=1   '设置轴为脉冲轴

UNITS=100   '脉冲当量设置

SPEED = 1000	'设置 0 号轴速度为 1000units/s
ACCEL = 1000	'设置 0 号轴加速度为 1000units/s^2
DECEL = 1000	'设置 0 号轴减速度为 1000units/s^2
FASTDEC = 10000	'设置 0 号轴快减减速度为 10000units/s^2
TRIGGER	'自动触发示波器
MOVE(1000)	'0 号轴当前运动相对距离为 1000
MOVE(-1000)	'0 号轴缓冲运动相对距离为-1000
CANCEL(1)	'取消 0 号轴缓冲运动,该轴只完成当前运动,并仍然按照减速度停止

程序运行仿真结果如图 3-9 所示。

例 2　假设 0 号轴相对定位到 10000,运动开始 2s 后使用 CANCEL 指令立即中断脉冲发送的方式取消 0 号轴的运动,则相关指令如下所示:

BASE(0)	'选择 0 号轴
DPOS = 0	'设置 0 号轴指令位置为 0
ATYPE = 1	'设置轴为脉冲轴
UNITS = 100	'脉冲当量设置
SPEED = 1000	'设置 0 号轴速度为 1000units/s
ACCEL = 1000	'设置 0 号轴加速度为 1000units/s^2
DECEL = 1000	'设置 0 号轴减速度为 1000units/s^2
FASTDEC = 10000	'设置 0 号轴快减减速度为 10000units/s^2
TRIGGER	'自动触发示波器
MOVE(10000)	'0 号轴当前运动相对距离为 10000
DELAY(2000)	'延时 2000ms
CANCEL(3)	'此时直接切断脉冲发送,轴立即停止,减速度为 10000units/s^2

程序运行仿真结果如图 3-10 所示。

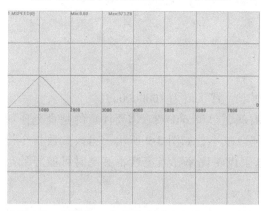

图 3-9　CANCEL 指令取消缓冲运动时 0 号轴的速度曲线

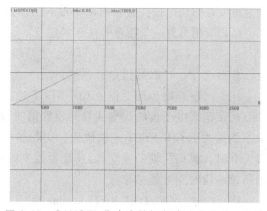

图 3-10　CANCEL 指令直接切断脉冲发送时 0 号轴的速度曲线

例 3　假设 1 号轴为主轴,0 号轴为从轴,两轴以比例为 0.5 的电子齿轮比同步运动,1 号轴相对运动距离 1000,延时 2s 后使用 CANCEL 指令取消两个轴之间的电子齿轮关系,则相关指令如下所示：

RAPIDSTOP(2)	'清空所有轴的所有运动缓冲
WAIT IDLE(0)	'等待 0 号轴运动停止
WAIT IDLE(1)	'等待 1 号轴运动停止
BASE(0,1)	'选择 0 号轴和 1 号轴
ATYPE=1,1	'设置轴为脉冲轴
UNITS=100,100	'0 号轴与 1 号轴脉冲当量设置
DPOS=0,0	'设置 0 号轴和 1 号轴指令位置为 0
SPEED=100,100	'设置 0 号轴和 1 号轴速度为 100units/s
ACCEL=1000,1000	'设置 0 号轴和 1 号轴加速度为 1000units/s²
DECEL=1000,1000	'设置 0 号轴和 1 号轴减速度为 1000units/s²
TRIGGER '自动触发示波器	'自动触发示波器
WAIT IDLE(1)	'等待运动停止
CONNECT(0.5,1)AXIS(0)	'0 号轴连接到 1 号轴,电子齿轮比率为 0.5
MOVE(1000)AXIS(1)	'1 号主轴相对运动距离为 1000,0 号从轴跟随
DELAY(2000)	'延时 2000ms
CANCEL(**0**) AXIS(0)	'取消 0 号轴和 1 号轴的同步关系

程序运行仿真结果如图 3-11 所示。

介绍同步指令的过程中注意到一个重要的参数，那就是电子齿轮比率。一般情况下，电子齿轮比率反映的是主轴和从轴同步运动时，二者运行距离的比例关系，在这个过程中，还需要考虑另外一个重要参数：电子齿轮比率变化时间。因为主轴和从轴位置的比例是通过速度在时间上的积累得到的，从轴跟随主轴速度变化的快慢往往会影响两个轴的同步效果，所以介绍另外一个指令——连接速度。

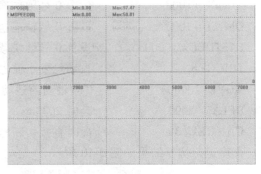

图 3-11　CANCEL 指令取消同步关系时两轴的位置与速度曲线

4. 连接速度指令——CLUTCH_RATE

指令类型：轴参数指令。

指令描述：同步运动指令 CONNECT 连接的速度，默认值为 1000000。

用于定义电子齿轮比率从 0 到设置值的改变时间，单位 ratio/s。需要注意的是设置值如果不能远大于 CONNECT 连接比例，实际连接比例会减小，如图 3-9 所示。当该参数指令设置为 0 时，根据从轴的速度/加速度参数来跟踪电子齿轮比率，当速度不够高时可能导致运动持续一段时间才能结束。

指令语法：CLUTCH_RATE=value

指令举例 1：

BASE(0,1)	'选择 0 号轴和 1 号轴
ATYPE=1,1	'设置轴为脉冲轴
DPOS=0,0	'设置 0 号轴和 1 号轴指令位置为 0

UNITS = 100,100	'0 号轴与 1 号轴脉冲当量设置
SPEED = 100,100	'设置 0 号轴速度为 100units/s,1 号轴速度为 100units/s
ACCEL = 1000,1000	'设置 0 号轴和 1 号轴加速度为 1000units/s²
DECEL = 1000,1000	'设置 0 号轴和 1 号轴减速度为 1000units/s²
CLUTCH_RATE = 1	'设置连接速度为 1ratio/s
TRIGGER	'自动触发示波器
CONNECT(2,1)AXIS(0)	'电子齿轮比率为 2,需要 2s 建立连接
MOVE(300)AXIS(1)	'主轴 1 号轴相对运动距离为 300,从轴 0 号轴跟随

在连接速度参数指令影响下，主轴 1 号轴和从轴 0 号轴的运行速度和运行位置曲线如图 3-12 和图 3-13 所示。从图中不难发现，主轴与从轴的电子齿轮连接建立经过了 2s。由于 CLUTCH_RATE 参数设置值较小，从轴的位移和主轴的位移实际运动比例小于 2∶1。

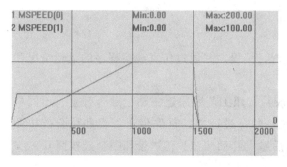

图 3-12 连接速度影响下主轴与从轴的速度曲线

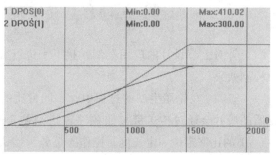

图 3-13 连接速度影响下主轴与从轴的位置曲线

指令举例 2：

BASE(0,1)	'选择 0 号轴和 1 号轴
DPOS = 0,0	'设置 0 号轴和 1 号轴指令位置为 0
ATYPE = 1,1	'设置轴为脉冲轴
UNITS = 100,100	'0 号轴与 1 号轴脉冲当量设置
SPEED = 100,100	'设置 0 号轴速度和 1 号轴速度为 100units/s
ACCEL = 500,500	'设置 0 号轴和 1 号轴加速度为 500units/s²
DECEL = 500,500	'设置 0 号轴和 1 号轴减速度为 500units/s²
CLUTCH_RATE = 0	'根据从轴的速度/加速度来跟踪连接
TRIGGER	'自动触发示波器
CONNECT(2,1)AXIS(0)	'连接时间根据从轴速度和加速度比例确定,因此需 0.2s 建立连接
MOVE(500)AXIS(1)	'主轴 1 号轴相对运动距离为 500,从轴 0 号轴跟随

在连接速度参数指令影响下，主轴 1 号和从轴 0 号的位置曲线如图 3-14 和图 3-15 所示。

因此，当连接速度加大、连接时间缩短时，从轴 0 号轴会更快地达到跟随速度，从轴的位移和主轴的位移实践运动比例等于 2∶1。

当 CLUTCH_RATE 设置为 0 时，该参数值是根据从轴的速度加速度来计算，而从轴的速度选用的是从轴的设定速度；当CLUTCH_RATE设置值不是0时，该参数值即为设定值，而从轴的速度由主轴的设定速度以及从轴与主轴的连接电子齿轮比率计算得到。

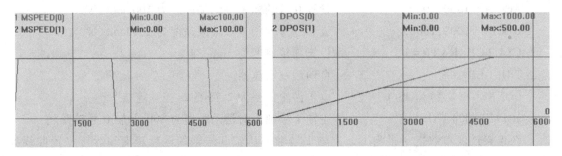

图 3-14　连接速度影响下主轴与从轴的位置曲线（一）　图 3-15　连接速度影响下主轴与从轴的位置曲线（二）

3.3　多伺服同步运动程序仿真测试

针对上节设计的应用案例，接下来进行分析、编程，并通过仿真观察程序的运行情况和控制效果。

例1　在轮胎生产的过程中，不同材质的胶片按照工艺顺序逐一贴在贴合鼓上，不同材质的胶片会通过传送带按照顺序输送到贴合鼓。贴合过程中，首先传送带会和贴合鼓按照1:1的比率定位一定长度，操作人员处理接头后触发起动按钮，传送带和贴合鼓按照0.9:1的比率完成剩余长度的定位。

贴合鼓伺服电动机选用0号轴，传送带电动机选用1号轴；贴合过程中操作人员出发的再起动信号使用输入信号 IN（0）代替。贴合鼓贴合速度设定为500units/s，贴合鼓第一次定位距离设定为1000units，贴合鼓第二次定位距离设定为7000units，加减速设定为1000units/s^2。控制程序框架及代码如下：

```
RAPIDSTOP(2)              '清空所有轴的所有运动缓冲
WAIT IDLE(0)             '等待0号轴运动停止
WAIT IDLE(1)             '等待1号轴运动停止
BASE(0,1)                '选择0号轴和1号轴
ATYPE = 1,1              '设置轴为脉冲轴
UNITS = 100,100          '0号轴与1号轴脉冲当量设置
DPOS = 0,0               '设置0号轴和1号轴指令位置为0
SPEED = 500,500          '设置0号轴和1号轴速度为500units/s
ACCEL = 1000,1000        '设置0号轴和1号轴加速度为1000units/s²
DECEL = 1000,1000        '设置0号轴和1号轴减速度为1000units/s²
TRIGGER'                 '自动触发示波器
CONNECT(1,0)AXIS(1)      '1号轴连接到0号轴,电子齿轮比率为1
MOVE(1000)AXIS(0)        '主轴1号轴相对运动距离为1000units,从轴0号轴跟随
WAIT IDLE(0)             '等待0号轴运动停止
```

```
WAIT UNTIL IN(0)= ON        '等待 0 号通道输入变为高电平
CONNECT(0.9,0)AXIS(1)       '1 号轴连接到 0 号轴,电子齿轮比率为 0.9
MOVE(7000)AXIS(0)           '主轴 0 号轴相对运动距离为 7000units,从轴 0 号轴跟随
```
程序运行仿真曲线如图 3-16 所示。

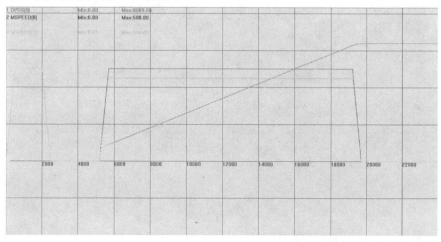

图 3-16　主轴与从轴的位置和速度曲线

　　例 2　假设 0 号轴为主轴，1 号轴为从轴，两轴以比例为 2 的电子齿轮比同步运动，0 号轴速度设定为 100units/s，1 号轴速度设定为 200units/s，0 号轴相对运动距离 800units，1 号轴跟随运动。同步运动 2s 后，使用 CANCEL 指令取消两个轴之间的电子齿轮关系，再经过 2s，使用 CANCEL 指令取消所有轴的当前运动。整体运动过程中两个轴的加减速度设定为 1000units/s^2。控制程序框架及代码如下：

```
RAPIDSTOP(2)                '清空所有轴的所有运动缓冲
WAIT IDLE(0)                '等待 0 号轴运动停止
WAIT IDLE(1)                '等待 1 号轴运动停止
BASE(0,1)                   '选择 0 号轴和 1 号轴
ATYPE=1,1                   '设置轴为脉冲轴
UNITS=100,100               '0 号轴与 1 号轴脉冲当量设置
DPOS=0,0                    '设置 0 号轴和 1 号轴指令位置为 0
SPEED=100,200               '设置 0 号轴的速度为 100units/s,1 号轴速度为 200units/s
ACCEL=1000,1000             '设置 0 号轴和 1 号轴加速度为 1000units/s²
DECEL=1000,1000             '设置 0 号轴和 1 号轴减速度为 1000units/s²
TRIGGER'                    '自动触发示波器
CONNECT(2,0)AXIS(1)         '1 号轴连接到 0 号轴,电子齿轮比率为 2
MOVE(800)AXIS(0)            '主轴 0 号轴相对运动距离为 800units,从轴 1 号轴跟随
DELAY(2000)                 '延时 2000ms
CANCEL(0) AXIS(1)           '取消 1 号轴和 0 号轴的同步关系
DELAY(2000)                 '延时 2000ms
CANCEL(0) AXIS(0)           '取消 0 号轴的当前运动
```
程序运行仿真曲线如图 3-17 所示。

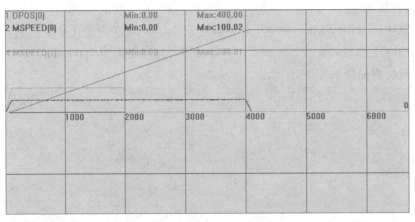

图 3-17　主轴与从轴的位置和速度曲线

思考与练习题

1. 简述齿轮的优点和缺点并列举三种常见的齿轮。

2. 简述电子齿轮的定义并列举其作用和优点。

3. 电子齿轮的传动方式分为哪几种，简述每种传动方式特点。

4. 完成两台伺服电动机的同步运动控制，控制要求为：主轴电动机采用绝对定位的方式先定位到位置 300units，然后从轴与主轴建立电子齿轮连接，主轴与从轴电子齿轮比率为 1：0.2，主轴采用相对定位方式定位-300units 的距离。主轴电动机绝对定位和相对定位的速度均为 100units/s，加减速设置为 1000units/s^2，主轴与从轴的轴脉冲当量均为 100units。分析控制要求并编写控制程序。

5. 根据下面模切行业的工艺模拟控制要求，编写控制程序。模切供料环节由三台伺服电动机配合完成，伺服电动机 A 输送提供衬底材料，伺服电动机 B 与伺服电动机 A 以 1：1 的电子齿轮比率同步运行完成在衬底上涂胶的工艺，伺服电动机 C 与伺服电动机 A 以 1：2 的电子齿轮比率同步运行完成主料的放置，结构如图 3-18 所示。设备运行时伺服电动机 A 以 300units/s 的速度持续正向运行，速度稳定后操作人员按下起动按钮，伺服电动机 B 和伺服电动机 C 同时起动以规定的电子齿轮比率和伺服电动机 A 同步运行，所有电动机轴的加减速均设置为 1000units/s^2，轴脉冲当量均为 100units。

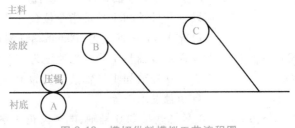

图 3-18　模切供料模拟工艺流程图

第4章 伺服系统协同运动（电子凸轮）设计

4.1 多伺服协同运动控制原理及应用

凸轮机构一般由凸轮基体、从动件或从动件系统、主体机架组成。凸轮机构是一种具有曲线轮廓或凹槽的构件，它通过高副接触将运动直接传递给从动件或从动件系统，使从动件获得连续或不连续地运动，达到预定运动控制的目的。

凸轮机构是许多机械设备的常用机构，广泛用于自动机床进刀机构、包装机械、磨具行业、印刷行业、纺织行业等领域。凸轮机构一方面具备一般自动机械的传动、控制以及导引功能；另一方面还可以满足大功率传导和传动比灵活配置的要求，因此在众多生产领域颇受青睐。当凸轮机构作为传动机构时，可以使从动件满足高速度、高分度、高精度、匀速及大范围变速的非等速运动等复杂运动规律的要求；当凸轮机构实现控制机构的功能时，可以使从动件或从动系统产生往复运动或自动循环运动；当凸轮机构用于导引机构时，可以产生复杂的轨迹或平面运动。从理论上讲，只要能设计出合适的凸轮曲线，凸轮机构就可以使从动件得到各种预期的运动规律。

按照凸轮的形状不同，凸轮机构可以分为：盘形凸轮、移动凸轮和圆柱凸轮。

（1）盘形凸轮 其为一种具有变化向径的盘形构件，当它绕固定轴转动时，可推动从动件在垂直于凸轮轴的平面内运动的凸轮结构，如图 4-1 所示。

（2）移动凸轮 其为一种当移动凸轮做直线往复运动时，将推动推杆在同一平面内作上下往复运动的凸轮结构，如图 4-2 所示。

（3）圆柱凸轮 这种凸轮是在圆柱端面上作出曲线轮廓或在圆柱面上开出曲线凹槽。当其转动时，可使从动件在与圆柱凸轮轴线平行的平面内运动。这种凸轮可以看成是将凸轮卷绕在圆柱上形成的，如图 4-3 所示。

图 4-1 盘形凸轮

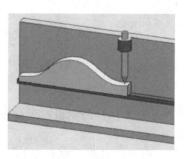

图 4-2 移动凸轮

图 4-3 圆柱凸轮

由于盘形凸轮和移动凸轮的运动平面与从动件运动平面平行，因此称为平面凸轮，而圆柱凸轮就称为空间凸轮。

根据凸轮机构从动件与凸轮接触处结构形式的不同，可将从动件分为三类：尖顶从动件、滚子推杆从动件和平底推杆从动件。

（1）尖顶从动件　这种从动件结构简单，但尖顶易于磨损。因为接触应力很高，因此只适用于传力不大的低速凸轮机构中，如图4-4所示。

（2）滚子推杆从动件　这种从动件由于滚子与凸轮间为滚动摩擦，不易磨损，可以实现较大动力的传递，因此应用最为广泛，如图4-5所示。

（3）平底推杆从动件　这种从动件与凸轮间的作用力方向不变，受力平稳。在高速运行的情况下，凸轮与平底间易形成油膜而减小摩擦与磨损，如图4-6所示。但是这种类型的从动件不能与具有内凹轮廓的凸轮配对使用，也不能与移动凸轮和圆柱凸轮配对使用。

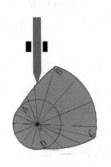
图4-4　尖顶从动件

图4-5　滚子推杆从动件

图4-6　平底推杆从动件

另外根据凸轮机构推杆运动形式的不同，可将推杆分为直动推杆和摆动推杆。

（1）直动推杆　凸轮机构中作往复直线移动的推杆称为直动推杆，如图4-7所示。直动推杆的尖顶或滚子中心的轨迹通过凸轮的轴心时为对心直动推杆，否则称为偏置直动推杆。推杆尖顶或滚子中心轨迹与凸轮轴心间的距离称为偏距。

（2）摆动推杆　凸轮机构中作往复摆动的推杆称为摆动推杆，如图4-8所示。

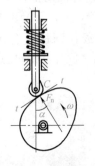
图4-7　直动推杆

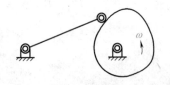
图4-8　摆动推杆

在了解凸轮机构的优点和分类后，不难从凸轮机构运行中发现，在实际应用过程中，凸轮机构也存在很大的局限性，即

1）如果凸轮机构各部件的制造和装配过程中存在误差，那么针对这些误差的调整会比较困难，而且费时、费力。

2）另外凸轮机构属于高副点线接触，因此存在较大的接触应力，无法传递较大的功率；加之凸轮在工作过程中高速运行，所以凸轮磨损快，长时间使用会使从动件的运动失真，因而不能用于具有高重复精度要求的场合。

3）一个凸轮机构只能固定实现一种预定运动规律，不能灵活调整。若从动件运动规律随工作对象的变化需要改变时，则凸轮的生产工艺需重新调整或彻底更换。

由于传统机械凸轮机构存在着上述不足，促使人们试图从各个方面来改变其结构及形式。在这一背景下，随着数字控制和伺服技术取得的巨大进步，产生了电子凸轮（英文简称 ECAM）。电子凸轮是通过控制器控制伺服电动机来模拟机械凸轮的功能，它克服了传统凸轮在机械方面的缺点，使机器的控制精度变高，控制距离变远，故障率降低，可靠性提高。由于简化了机构，电子凸轮机构更加灵活，其调试和维修变得简单。当前，电子凸轮越来越受到广大工程技术人员的关注。

电子凸轮是利用构造的凸轮曲线来模拟机械凸轮，以达到与机械凸轮系统相同的凸轮轴与主轴之间相对运动的软件系统。电子凸轮属于多轴运动，这种运动基于主轴和一个或者多个从轴系统，最终达到多轴协同运动的目的。电子凸轮的主轴可以是物理轴，也可以是虚拟轴。

电子凸轮是在机械凸轮的基础上发展起来的，传统机械凸轮通过凸轮实现非线性的加工轨迹。而电子凸轮直接将轨迹点输入到驱动器内，通过设定的计算方法进行伺服控制，达到和机械凸轮相同的加工目的，实现一种周期性的往复运动。

电子凸轮曲线可以根据运行的起始位置和运行的终点位置是否一致，分为闭式曲线和开式曲线，如图 4-9 所示。实际生产中往往是一个产品接一个产品的循环制造，绝大多数的凸轮运行轨迹也都是一遍一遍地反复执行，因此凸轮曲线也大都以闭式曲线为主。

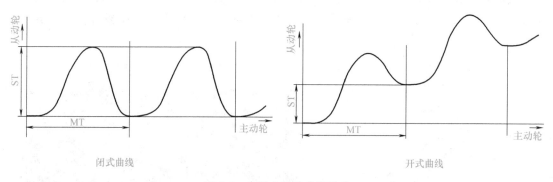

闭式曲线　　　　　　　　　　　　　　　开式曲线

图 4-9　电子凸轮的曲线分类

电子凸轮相对机械凸轮的优势为：

1）电子凸轮灵活，轨迹易于改动。方便根据需求更改加工轨迹，而不需要繁琐地更改机械凸轮。

2）当要改变凸轮的运动轨迹时，加工机械凸轮的成本较高，难度较大。而电子凸轮只需简单设定一些轨迹参数，不会产生新的成本。

3）机械凸轮会磨损，通常是机床噪声的最大来源。使用电子凸轮可减轻运行阻力及噪声，减轻机身重量，提高效率。

4）电子凸轮实现的追随功能，与一般情况下分开的独立控制从轴跟随主轴的运动相比，具有更高的效率和稳定性。

与机械凸轮相比，因为电子凸轮具备上述优势而被广泛应用于诸如汽车制造、冶金、机械加工、纺织、印刷、食品包装、水利水电等领域。用电子凸轮代替机械凸轮的方法简要说来就是将原来安装在电动机轴上的机械凸轮替换成编码器进行位置信号的检测与反馈，伺服控制系统接收到位置反馈信号后，按照预设好的凸轮曲线（如图 4-10 所示，根据机械凸轮形状得出），控制从轴伺服电动机运行，实现原来机械凸轮的全部功能。下面对电子凸轮在工业中的典型应用进行举例介绍。

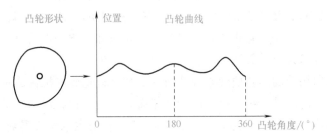

图 4-10　根据机械凸轮得到的凸轮曲线

电子凸轮在绕线机设备上的应用如图 4-11 所示。绕线机的主轴伺服电动机控制钩针的伸缩，从轴伺服电动机控制钩针的旋转。设备工作时，采用 PLC 控制主轴伺服电动机（带动钩针）连续做周期性的伸缩运转，主轴伺服电动机的编码器信号做位置反馈，利用电子凸轮功能控制从轴伺服电动机运行，钩针在做伸缩动作的同时，按照设定轨迹摆动钩针的角度，从而实现钩线和绑线的动作。

我们再介绍一个日化行业的设备——全自动软管注头机，如图 4-12 所示，该设备主要用于日常使用的软管日化产品（如洗面奶、牙膏等产品）的挤出头进行注塑封装，如图 4-13 所示。

图 4-11　电子凸轮绕线机

图 4-12　全自动软管注头机

全自动软管注头机工作时以中间的转盘电动机作为电子凸轮的主轴，如图 4-12 中圆圈处，这个主轴电动机可以选择伺服电动机，也可以选择变频电动机配编码器，而在主轴转盘上方和侧方分布着完成各种功能的工位，主要完成的功能有上管、压管、注料、合模、贴膜和拔管等，完成这些功能的伺服电动机作为电子凸轮的从轴。每次工作时，主轴转盘伺服电动机先完成固定长度的定位旋转，接着在主轴的暂停时间内，各功能伺服完成自己的功能动作并回到初始位置，之后主轴转盘伺服电动机继续固定长度的定位旋转，将各工位上半成品的位置进行变换，从当前功能工位传递到下一功能工位等待处理，各功能伺服再次完成自己的功能动作并回到初始位置，接着主轴转盘伺服电动机继续定位旋转，上述动作周而复始进行，直到接收到停止信号或故障信号。

图 4-13　洗面奶挤出头注塑效果

4.2　多伺服协同运动控制指令介绍

该节将学习如何使用程序语言实现电子凸轮功能。首先学习电子凸轮相关的控制指令，然后再针对案例进行控制程序的设计。

1. 凸轮表运动指令——CAM

指令类型：同步运动指令。

指令描述：凸轮表运动指令 CAM 根据存储在 TABLE 中的数据来决定轴的运动，这些 TABLE 中的数据值对应运动轨迹的位置，运动轨迹的位置是相对于运动起始点的绝对位置。两个或者两个以上的凸轮表运动指令 CAM 可以同时使用同一段 TABLE 数据区进行操作。TBALE 数据需手动设置，第一个数据为引导点，建议设为 0。

指令语法：CAM(start point,end point,table multiplier,distance)

start point：该参数是指起始点 TABLE 编号，存储第一个点的位置。

end point：该参数是指结束点 TABLE 编号。

table multiplier：该参数是一个比例值，一般设为脉冲当量值。

distance：参考运动的距离。

运动的总时间由设置速度和参数 distance 决定，运动的实际速度根据 TABLE 轨迹与时间自动匹配。运动的总时间 = distance/轴 speed

指令举例：

RAPIDSTOP(2)	'清空所有轴的所有运动缓冲
WAIT IDLE(0)	'等待 0 号轴运动停止
BASE(0)	'选择 0 号轴
UNITS = 100	'0 号轴脉冲当量设置
DPOS = 0	'设置 0 号轴指令位置为 0
ACCEL = 1000	'设置 0 号轴加速度为 1000units/s^2
DECEL = 1000	'设置 0 号轴减速度为 1000units/s^2
SPEED = 100	'设置 0 号轴速度为 500units/s
TABLE(10,0,80,75,40,50,20,50,0)	'table 从 10 开始存数据,共 8 个数据,分别是:0,

	80,75,40,50,20,50,0
TRIGGER	'自动触发示波器
CAM(10,17,100,500)	'运动轨迹为 table10 到 table17 共 8 个数据,运动总时间为 500/100＝5s

程序运行结果如图 4-14 所示。

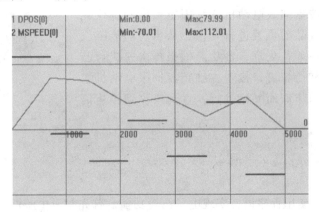

图 4-14　凸轮表运动位置速度曲线

下面解释一下程序中 TABLE 指令的含义,TABLE 指令是控制器自带的一个超大数组,数据类型为 64 位浮点数,控制器掉电后数组数据不能保存。编写程序时,TABLE 数组无需再定义,可直接使用,索引下标从 0 开始。

ZBasic 编程语言的某些指令可以直接读取 TABLE 内的值作为参数,比如 CAM、CAM-BOX、CONNFRAME、CONNREFRAME 等指令,示波器采样的参数也存储在 TABLE 中。因此在开发应用中要注意多个 TABLE 区域的分配与使用,不要与示波器采样的数据存储区域重合。

TABLE 指令使用时先将参数存储在 TABLE 的某个位置,再使用指令调用 TABLE 数据。TABLE (0)＝10 表示 table (0) 赋值 10。TABLE (10, 100, 200, 300) 表示 table (10) 赋值 100,table (11) 赋值 200,table (12) 赋值 300。

作为参数传递时 TABLE 用法大致相同,以上述程序中 CAM 凸轮指令为例:

TABLE (10, 0, 80, 75, 40, 50, 20, 50, 0) 表示 table 从 10 位开始存数据,共存储 8 个数据,最后一个数据存储在 17 位,table (10) 赋值为 0,table (11) 赋值为 80,依次赋值。

另外需要查看 TABLE 内数据的时候,主要方式有两种:

1) 第一种方法:在在线命令行输入？＊TABLE (10, 8) 查询 TABLE (10) 开始,依次 8 个数据,得到的结果如图 4-15 所示。

图 4-15　查看 TABLE 内数据 1

2）第二种方法：在寄存器中查看 DT（TABLE）数据，起始编号从 10 开始，个数 8 个，得到的结果如图 4-16 所示。

2. 跟随凸轮表运动指令——CAMBOX

指令类型：同步运动指令。

指令描述：跟随凸轮表运动指令 CAMBOX 根据存储在 TABLE 中的数据（表 4-1）来决定轴的运动，这些 TABLE 中的数据值对应运动轨迹的位置，是相对于运动起始点的距离。跟随轴的运动根据参考轴

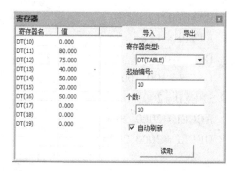

图 4-16　查看 TABLE 内数据 2

的运动来进行。两个或多个 CAMBOX 指令可以同时使用同一段 TABLE 数据区进行操作。TABLE 数据需手动设置，第一个数据为引导点，建议设为 0。

指令语法：CAMBOX(start_point,end_point,table_multiplier,link_distance,link_axis[,link_options][,link_pos][,link_offpos])

start point：该参数是指起始点 TABLE 编号，存储第一个点的位置。

end point：该参数是指结束点 TABLE 编号。

table multiplier：该参数是一个比例值，一般设为脉冲当量值。

link_distance：该参数代表参考轴运动的距离。

link_axis：该参数代表参考轴轴号。

link_options：该参数代表与参考轴的连接方式，不同的二进制位代表不同的意义。

表 4-1　参考轴连接方式含义

位	意义
bit0	当主轴 MARK 信号事件触发时，从轴与主轴开始进行连接运动
bit1	当主轴运动到设定的绝对位置时，从轴与主轴开始连接运动
bit2	自动重复连续双向运行(通过设置 REP_OPTION=1，可以取消重复)
bit4	从中间某个位置启动，配合掉电中断实现恢复凸轮
bit5	只有主轴的正向运动才连接
bit8	当主轴 MARKB 信号事件触发时，从轴与主轴开始进行连接运动，锁存轴号为主轴的轴号，需要最新固件支持

link_pos：当 link_options 设置为 2 时，该参数表示连接开始启动的绝对位置。

link offpos：当 link_options 参数 bit4 置为 1 时，该参数表示主轴已经运行完的相对位置。

从轴的运动总时间由主轴的运动距离和运动速度确定，速度自动匹配。TABLE 数据 * table multiplier 这个比例值等于发出的脉冲数。使用过程中，要确保指令传递的距离参数 * units 是整数个脉冲，否则会出现浮点数，导致运动有细微误差。

指令举例：

```
ERRSWITCH=3              '打印输出 WARN、ERROR、TRACE 指令信息
RAPIDSTOP(2)            '清空所有轴的所有运动缓冲
WAIT IDLE(0)           '等待 0 号轴运动停止
WAIT IDLE(1)           '等待 1 号轴运动停止
```

```
BASE(0,1)                                      '选择 0 号轴和 1 号轴
ATYPE=1,1                                       '设置轴为脉冲轴
DPOS=0,0                                        '设置 0 号轴和 1 号轴指令位置为 0
UNITS=100,100                                   '0 号轴与 1 号轴脉冲当量设置
SPEED=200,200                                   '设置 0 号轴和 1 号轴速度为 200units/s
ACCEL=2000,2000                                 '设置 0 号轴和 1 号轴加速度为 2000units/s²
DECEL=2000,2000                                 '设置 0 号轴和 1 号轴减速度为 2000units/s²
                                               '下面是计算 TABLE 的数据
DIM deg,rad,x,stepdeg                           '定义变量 deg,rad,x,stepdeg
stepdeg=2                                       '通过这个值修改段数,段数越多速度越平稳
FOR deg=0 TO 360 STEP stepdeg                   '0 循环至 360
    rad=deg * 2 * PI/360                              '角度转换为弧度
    x=deg * 25+10000 * (1-COS(rad))/100              'x 值计算
    TABLE(deg/stepdeg,x)                             '存储 TABLE
    TRACE deg/stepdeg,x                              '打印 deg/stepdeg,x 的值
NEXT deg                                        '下一个角度
TRIGGER                                         '自动触发示波器
WHILE 1                                         '循环运动
    IF IN(0)=ON THEN                            '输入 0 有效启动运动
        DPOS=0,0                                '设置 0 号轴指令位置为 0
        CAMBOX(0,360/stepdeg,100,500,1,2,100)AXIS(0)  '主轴轴 1 运动到 100 位
                                                       置时,从轴轴 0 开始连
                                                       接轴 1 运动
        MOVE(600)AXIS(1)                        '主轴轴 1 运动到 600
        WAIT UNTIL IDLE AND IDLE(1)             '等待运动停止
        DELAY(100)                              '延时 100ms
    ENDIF                                       '结束 IF 语句
WEND                                            '结束 WHILE 语句
END                                             '停止当前任务
```

　　程序运行后,跟随凸轮表运动指令的主轴与从轴的位置曲线,速度曲线如图 4-17、图 4-18 所示。

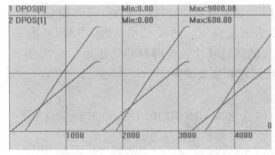

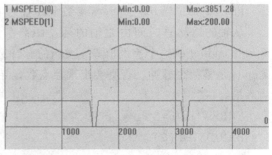

图 4-17　跟随凸轮表运动指令的主轴与从轴
的位置曲线

图 4-18　跟随凸轮表运动指令的主轴与从轴
的速度曲线

3. 自动凸轮指令 1——MOVESLINK

指令类型：同步运动指令。

指令描述：此指令适用于自定义的凸轮运动，该运动带有可设置的加减速阶段。从轴的距离分成 3 个阶段应用于主轴的运动，分别是加速部分、匀速部分和减速部分。加速和减速阶段为了与速度匹配，link distance（基本轴运动距离）必须是 distance（跟随轴运动距离）的两倍。同时要确保指令传递的距离参数 * units 是整数个脉冲，否则会出现浮点数，导致运动有细微误差。

指令语法：MOVESLINK（distance，link dist，link acc，link dec，link axis［，link options］［，link pos］［，link offpos］）

distance：该参数代表从连接开始到结束，从轴移动的距离。此参数可正可负，为正数时代表正方向跟随，为负数时代表负方向跟随，采用 units 单位。

link dist：该参数为从轴在连接的整个过程中移动的绝对距离，采用 units 单位。

link acc：该参数为在从轴加速阶段，主轴移动的绝对距离，采用 units 单位。

link dec：该参数为在从轴减速阶段，主轴移动的绝对距离，采用 units 单位。

需要注意的是：如果参数 link acc 和参数 link dec 的和大于参数 link dist，他们会被自动按比例减小，使其和值与参数 link dist 值相等。

link axis：该参数代表主轴的轴号。

link options：该参数为连接模式选项，不同的二进制位代表不同的意义，主轴连接模式选项含义见表 4-2。

表 4-2　主轴连接模式选项含义

模式	位	描述
1	位 0	连接精确开始于主轴上 MARK 事件被触发的时刻
2	位 1	连接开始于主轴到达一个绝对位置时（见 link pos 参数描述）
4	位 2	当此位被设置时，MOVELINK 会自动重复执行并且可以反向（这个模式可以通过设置轴参数 REP_OPTION 的第 1 位为 1 来清除）
8	位 3	设置时，采用 S 曲线加减速度
16	位 4	从中间某个位置启动，配合掉电中断实现恢复跟随
32	位 5	只有主轴为正向运动才连接
256	位 8	连接精确开始于主轴上 MARKB 事件被触发的时刻，需要最新固件支持

link pos：当参数 link option 设置为 2 时，表示基本轴在该绝对位置值时，连接开始。

link offpos：当参数 link_options 的 bit4 置 1 时，该参数表示主轴已经运行完的相对位置。

指令举例：

```
RAPIDSTOP(2)          '清空所有轴的所有运动缓冲
WAIT IDLE(0)          '等待 0 号轴运动停止
WAIT IDLE(1)          '等待 1 号轴运动停止
BASE(0,1)             '选择 0 号轴为从轴,1 号轴为主轴
UNITS = 100,100       '0 号轴与 1 号轴脉冲当量设置
ATYPE = 1,1           '设置轴为脉冲轴
```

DPOS = 0,0 　　　　　　　　　　　　'设置 0 号轴和 1 号轴指令位置为 0

SPEED = 100,100 　　　　　　　　　　'设置 0 号轴和 1 号轴速度为 100units/s

ACCEL = 1000,1000 　　　　　　　　 '设置 0 号轴和 1 号轴加速度为 1000units/s²

DECEL = 1000,1000 　　　　　　　　 '设置 0 号轴和 1 号轴减速度为 1000units/s²

TRIGGER 　　　　　　　　　　　　　'自动触发示波器

MOVELINK(100,100,0,0,1)AXIS(0)　　'不设置加减速阶段时,效果与 CONNECT 相同,
区别在不需要考虑 UNINTS 的不同,且不会有
累积误差,此时运动比例为 1∶1

MOVE(150)AXIS(1)　　　　　　　　　'轴 1 运动 150units,轴 0 跟随轴 1 运动完 100units

　　上述程序的仿真曲线如图 4-19 所示,从轴轴 0 连接到主轴轴 1,在连接的过程中,运动距离相同,无加减速阶段,故运动比例为 1∶1。如果将上述程序中的自动凸轮指令修改为:MOVELINK（50，100，0，0，1），其他程序段不变,则轴 0 和轴 1 在相同时间内的运动距离为 50 和 100,故运动比例为 1∶2。那么就可以得到自动凸轮指令主轴与从轴的速度及位置曲线 2,如图 4-20 所示。

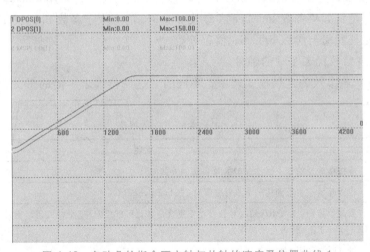

图 4-19　自动凸轮指令下主轴与从轴的速度及位置曲线 1

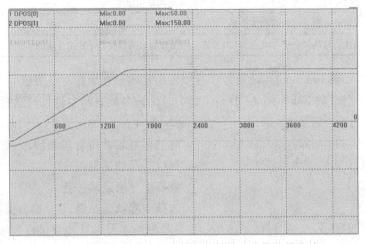

图 4-20　自动凸轮指令下主轴与从轴的速度及位置曲线 2

4. 自动凸轮指令 2——MOVESLINK

指令类型：同步运动指令。

指令描述：此指令适用于自定义的凸轮运动，该运动自动规划中间曲线，不用计算凸轮表。在加速和减速阶段为了与速度匹配，接下来 MOVESLINK 指令的 start sp 必须与当前 MOVESLINK 的 end sp 相同。同时确保指令传递的距离参数 * units 是整数个脉冲，否则会出现浮点数，导致运动有细微误差。

指令语法：MOVESLINK（distance，link dist，start sp，end sp，link axis［，link options］［，link pos］［，link offpos］）

［，link options］［，link pos］可选参数不填时，逗号不能省略，控制器根据参数的位置来判断是什么参数。

distance：该参数代表从连接开始到连接结束，从轴移动的距离，此参数可正可负，为正数时代表正方向跟随，为负数时代表负方向跟随，采用 units 单位。

link dist：该参数为主轴在连接的整个过程中移动的绝对距离，采用 units 单位。

start sp：该参数为启动时从轴和主轴的速度比例，units/units 单位，参数为负数表示跟随轴负向运动。

end sp：该参数为结束时从轴和主轴的速度比例，units/units 单位，参数为负数表示从轴负向运动，当 start sp＝end sp＝distance/link dist 时，匀速运动。

link axis：该参数代表主轴的轴号。

link options：该参数为连接模式选项，不同的二进制位代表不同的意义，选项含义见表 4-3。

link pos：该指令代表当 link options 参数设置为 2 时，主轴在该绝对位置值，连接开始。

link offpos：该指令代表当 link_options 参数 bit4 置为 1 时，主轴已经运行完的相对位置。

表 4-3　主轴连接模式选项含义

模式	位	描述
1	位 0	连接精确开始于主轴上 MARK 事件被触发的时刻
2	位 1	连接开始于主轴到达一个绝对位置时（见 link pos 参数描述）
4	位 2	当此位被设置时，MOVESLINK 会自动重复执行并且可以反向（这个模式可以通过设置轴参数 REP_OPTION 的第 1 位为 1 来清除）
8	位 3	当设置时，采用 S 曲线加减速度
16	位 4	从中间某个位置起动，配合掉电中断实现恢复跟随
32	位 5	只有主轴为正向运动才连接
256	位 8	连接精确开始于主轴上 MARKB 事件被触发的时刻，需要最新固件支持

指令举例：

RAPIDSTOP（2）	'清空所有轴的所有运动缓冲
WAIT IDLE（0）	'等待 0 号轴运动停止
WAIT IDLE（1）	'等待 1 号轴运动停止
DATUM（0）	'清除控制器所有轴错误
BASE（0,1）	'选择 0 号轴为从轴,1 号轴为主轴

UNITS = 100,100	'0 号轴与 1 号轴脉冲当量设置
ATYPE = 1,1	'设置轴为脉冲轴
DPOS = 0,0	'设置 0 号轴和 1 号轴指令位置为 0
SPEED = 100,100	'设置 0 号轴和 1 号轴速度为 100units/s
ACCEL = 2000,2000	'设置 0 号轴和 1 号轴加速度为 2000units/s^2
DECEL = 2000,2000	'设置 0 号轴和 1 号轴减速度为 2000units/s^2
TRIGGER	'自动触发示波器
MOVESLINK(50,100,0,1,1)AXIS(0)	'从轴 0 跟踪主轴 1 运动,速度从 0 到两轴速度比值为 1
MOVESLINK(100,100,1,1,1)AXIS(0)	'从轴 0 跟踪主轴 1 运动,两个轴的速度比例均为 1,运行距离为 100units
MOVESLINK(50,100,1,0,1)AXIS(0)	'从轴 0 跟踪主轴 1 运动,开始时速度比例为 1,减速后,从轴停止,速度比例为 0
VMOVE(1)AXIS(1)	'主轴 1 持续正向运动,速度不变

程序运行结果如图 4-21 所示。

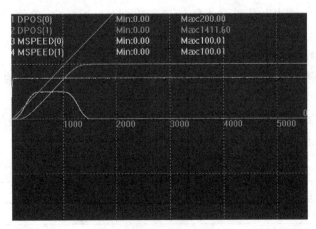

图 4-21　自动凸轮指令 2 下主轴与从轴的速度及位置曲线

5. 同步距离修改指令——MOVELINK_MODIFY

指令类型：轴参数。

指令描述：此指令用于修改 MOVELINK 指令的同步区长度。代入运动缓冲,只在同步段后设置生效。

指令语法：VAR1 = MOVELINK_MODIFY, MOVELINK_MODIFY = expression

指令举例：

RAPIDSTOP(2)	'清空所有轴的所有运动缓冲
WAIT IDLE(0)	'等待 0 号轴运动停止
WAIT IDLE(1)	'等待 1 号轴运动停止
BASE(0,1)	'选择 0 号轴和 1 号轴
ATYPE = 1,1	'设置轴为脉冲轴
UNITS = 100,100	'0 号轴与 1 号轴脉冲当量设置

DPOS = 0,0   '设置 0 号轴和 1 号轴指令位置为 0
SPEED = 100,100   '设置 0 号轴和 1 号轴速度为 100units/s
ACCEL = 1000,1000   '设置 0 号轴和 1 号轴加速度为 1000units/s^2
DECEL = 1000,1000   '设置 0 号轴和 1 号轴减速度为 1000units/s^2
TRIGGER   '自动触发示波器

未修改同步距离时，运行曲线如图 4-22 所示。

MOVELINK(10,20,20,0,1)   '工作台加速阶段
MOVELINK(100,100,0,0,1)   '同步阶段运行距离为 100units,加速和减速阶段主轴
                                    从轴速度比为 0
MOVELINK(10,20,0,20,1)   '减速阶段
VMOVE(1)AXIS(1)   '主轴 1 持续正向运动,速度不变

其他条件不变,增加修改同步距离时,运行曲线见图 4-23 所示。

MOVELINK(10,20,20,0,1)   '工作台加速阶段
MOVELINK(100,100,0,0,1)   '同步阶段 100
MOVELINK_MODIFY = 50   '修改同步段为 100+50
MOVELINK(10,20,0,20,1)   '减速阶段

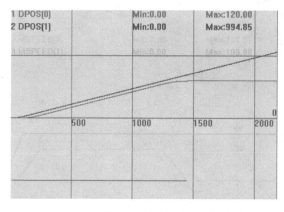

图 4-22 未修改同步距离时的运行曲线

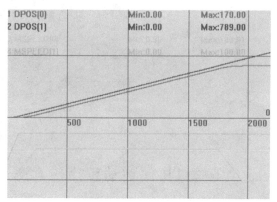

图 4-23 修改同步距离时的运行曲线

使用同步距离修改指令时,需要特别注意的一点是,该指令只能在同步段后使用,在加减速段使用该指令不起作用,并会报错。

6. 缓冲输出——MOVE_OP2

指令类型：特殊运动指令。

指令描述：BASE 轴运动缓冲加入一个输出口操作，指定时间后输出状态翻转。这个指令 LOAD 执行时不做任何运动，只操作输出口。单个轴同一时间只支持一个脉冲输出，第二个 MOVE_OP2 指令会自动关闭前面指令的脉冲。

指令语法：MOVE_OP2（ionum,state,offtimems）

ionum：该参数代表输出变量编号，0~31。

state：该参数为输出变量的输出状态。

offtimems：该参数代表经过多少 ms 时间后翻转，以产生脉冲输出的效果。

指令举例：

BASE(0)	'选择 0 号轴
UNITS = 100	'0 号轴脉冲当量设置
DPOS = 0	'设置 0 号轴指令位置为 0
SPEED = 200	'设置 0 号轴速度为 200
ACCEL = 1000	'设置 0 号轴加速度为 1000units/s²
DECEL = 1000	'设置 0 号轴减速度为 1000units/s²
OP(0,OFF)	'关闭 OUT0 输出口
TRIGGER	'自动触发示波器
MOVE(500)	'0 号轴相对运动距离 500
MOVE_OP2(0,ON,1000)	'等待上条运动完成，输出口 0 输出一个 1s 的脉冲,(脉冲时间不会阻碍下一条运动执行,不会打断连续插补运动的速度连续性)
MOVE(-500)	'0 号轴相对运动距离-500

程序运行结果如图 4-24 所示。

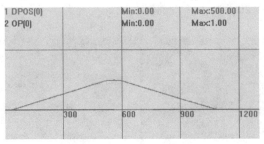

图 4-24　缓冲输出指令曲线示意图

4.3　多伺服协同运动程序仿真测试

　　完成多伺服协同运动（电子凸轮）的基本指令学习后，对实际生产中常见的应用案例学习、分析、编程，通过仿真观察程序的运行情况和控制效果。

　　飞剪设备一般是指对运行中的轧件进行横向剪切的剪切机，如图 4-25 所示，飞剪常用于轧钢、造纸等生产线，大多安放在轧制线的后部，对轧件定长裁切或者切头切尾。带钢车间的横剪机组、重剪机组和镀锌机组等设备上都配置有各种不同类型的飞剪，用于将带钢剪成定尺或裁成规定重量的钢卷。飞剪可以快速切断铁板、钢管、纸卷等材料，广泛采用飞剪有利于生产高速化、连续化方向发展。飞剪的类型较多，应用较广泛的有圆盘式飞剪、双滚筒式飞剪、曲柄回转式和摆式飞剪等。

　　除了飞剪，还有一种类似的剪切设备为追剪设备。如图 4-26 所示，与飞剪设备不同的是，追剪设备的裁刀一般安装在可以往复移动的刀架上，当追剪设备对运动中的材料垂直切割时，从轴驱动刀架由等待位开始加速，其速度达到同步速度后，刀架与材料运行速度相等，两者相对静止，这时刀架上的裁刀对材料进行垂直切割。连续裁切时，刀架跟随送料主轴做往复周期运动。

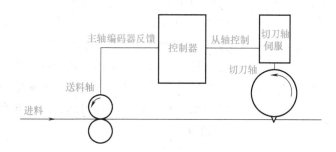

图 4-25 飞剪工艺示意图

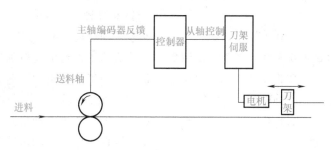

图 4-26 追剪工艺示意图

例1 图4-27为追剪设备示意图，型材持续运动，工作台先静止；直到型材持续运动了某段距离，工作台在伺服电动机驱动的丝杠带动下开始加速；待工作台速度与型材速度一致时，开关S1开始工作，刀具下剪，剪切完刀具回升；工作台开始减速，然后退回起始点。重复上述过程，剪切得到设定长度的型材。假设要切的型材长度为4m，工作台运行距离为1m，轴1为主轴（型材传送），轴0为从轴（追剪工作台），输出OUT0控制刀具下剪，追剪部分控制程序该如何编写？

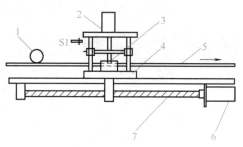

图 4-27 追剪设备示意图
1—测长轮 2—液压缸 3—刀具
4—工作台 5—型材 6—伺服电动机 7—丝杠

首先分析工作台及型材运动距离情况。工作台电动机为从轴，预设在加速阶段运行距离为0.4m，同步跟随阶段运行距离为0.2m，在减速阶段运行距离为0.4m。这样工作台电动机全部跟随过程运行距离为：0.4m（加速阶段）+0.2m（跟随同步）+0.4m（减速阶段）=1m，然后会有-1m距离的返回运动。而型材电动机为主轴，整个过程运动距离为：1m（从轴等待阶段）+0.8m（从轴加速阶段）+0.2m（从轴同步阶段）+0.8m（从轴减速阶段）+1.2m（从轴回退阶段）=4m。

上述案例控制程序框架及代码如下：

RAPIDSTOP(2)	'清空所有轴的所有运动缓冲
WAIT IDLE(0)	'等待0号轴运动停止
WAIT IDLE(1)	'等待1号轴运动停止
BASE(0,1)	'选择0号轴和1号轴

```
UNITS = 10000,10000          '0 号轴与 1 号轴脉冲当量设置
ATYPE = 1,1                   '设置轴为脉冲轴
DPOS = 0,0                    '设置 0 号轴和 1 号轴指令位置为 0
SPEED = 1,1                   '1 号型材主轴和 0 号工作台从轴电动机运行速度为 1m/s
ACCEL = 2,2                   '1 号主轴和 0 号从轴电动机运行加速度为 2m/s²
DECEL = 2,2                   '1 号主轴和 0 号从轴电动机运行减速度为 2m/s²
VMOVE(1)AXIS(1)              '型材持续运动
TRIGGER                      '自动触发示波器
WHILE 1                      '循环运动
    BASE(0)                                      '选择 0 号轴
    MOVELINK(0,1,0,0,1)AXIS(0)                  '1 号主轴运动 1m 前,0 号从轴电动机静止
    MOVELINK(0.4,0.8,0.8,0,1)AXIS(0)            '0 号从轴工作台电动机加速阶段
    MOVELINK(0.2,0.2,0,0,1)AXIS(0)              '0 号从轴工作台电动机速度同步跟随 0.2m
    MOVE_OP2(0,on,1000)                         '刀具下剪,1s 后回升(时间要预先规划好)
    MOVELINK(0.4,0.8,0,0.8,1)AXIS(0)            '0 号从轴工作台电动机减速阶段
    MOVELINK(-1,1.2,0.5,0.5,1)AXIS(0)           '0 号从轴工作台电动机回到起始点
WEND                         '结束 WHILE 语句
```

程序运行结果如图 4-28、图 4-29 所示。

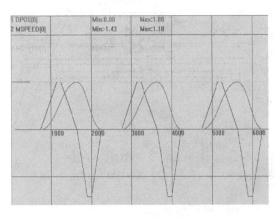

图 4-28 追剪案例主从轴的运动轨迹和
速度曲线图

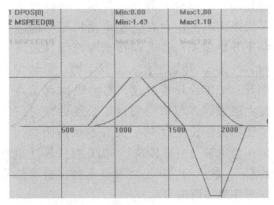

图 4-29 追剪案例单周期主从轴的运动轨迹和
速度曲线图

例 2 上述追剪案例我们使用的是自动凸轮指令 MOVELINK 实现的工业功能要求,如果使用自动凸轮指令 2-MOVESLINK,该怎么实现同样的功能呢?为了提高电动机运行的平稳度,采用 S 加速曲线。

上述案例使用 MOVESLINK 指令控制程序框架及代码如下:

```
RAPIDSTOP(2)                 '清空所有轴的所有运动缓冲
WAIT IDLE(0)                 '等待 0 号轴运动停止
WAIT IDLE(1)                 '等待 1 号轴运动停止
DATUM(0)                     '清除控制器所有轴错误
```

BASE(0,1)　　　　　　　'选择 0 号轴和 1 号轴
UNITS = 10000,10000　　'0 号轴与 1 号轴脉冲当量设置
ATYPE = 1,1　　　　　　'设置轴为脉冲轴
DPOS = 0,0　　　　　　'设置 0 号轴和 1 号轴指令位置为 0
SPEED = 1,1　　　　　'1 号型材主轴和 0 号工作台从轴电动机运行速度为 1m/s
ACCEL = 2,2　　　　　'1 号主轴和 0 号从轴电动机运行加速度为 2m/s²
DECEL = 2,2　　　　　'1 号主轴和 0 号从轴电动机运行减速度为 2m/s²
SRAMP = 200,200　　　'采用 S 加速曲线（速度曲线更柔和,运行更平稳）
TRIGGER　　　　　　　'自动触发示波器
VMOVE(1) AXIS(1)　　'型材持续运动
WHILE 1　　　　　　　'循环运动
MOVESLINK(0,1,0,0,1) AXIS(0)　　'1 号主轴运动 1m 前,0 号从轴电动机静止
MOVESLINK(0.4,0.8,0,1,1) AXIS(0)　'0 号从轴工作台电动机加速阶段
MOVESLINK(0.2,0.2,1,1,1) AXIS(0)　'0 号从轴工作台电动机速度同步跟随 0.2m
MOVESLINK(0.4,0.8,1,0,1) AXIS(0)　'0 号从轴工作台电动机减速阶段
MOVESLINK(-1,1.2,0,0,1) AXIS(0)　'0 号从轴工作台电动机回到起始点
WEND　　　　　　　　　　　'结束 WHILE 语句

程序运行结果如图 4-30 所示。

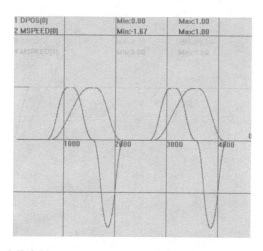

图 4-30　追剪案例 MOVESLINK 指令主从轴的运动轨迹和速度曲线图

思考与练习题

1. 什么叫凸轮机构，凸轮机构基本组成部分包括哪些？

2. 简述凸轮机构的分类。

3. 实际应用中，凸轮机构有哪些局限性？

4. 简述电子凸轮的定义和分类。

5. 与机械凸轮机构相比，电子凸轮有哪些优势？

6. 根据提供的数据定义 TABLE 数组，然后使用 CAM 指令控制轴 0 进行指定轨迹的运行。数据共 12 个分别为：0、25、40、55、80、35、68、50、30、50、42、27。脉冲当量设置为 100units，轴运行速度为 50units/s，加减速度为 500units/s^2，参考运动距离为 600units，根据要求编写控制程序并抓取电动机运行仿真曲线。

7. 使用追剪设备完成纸材的定长剪切，控制要求如下：纸材需要剪切长度为 5m，需要裁切的纸材以 0.5m/s 的速度持续运行，裁刀工作台先静止；纸材输送 1m 后工作台开始加速；加速至速度与纸材运行速度一致，然后刀具下剪，剪切完后刀具回升；工作台开始减速，速度减至 0 后反向退回起始点，然后重复该过程。整个过程工作台运行距离为 2m，刀具剪切使用输出点 OUT1 控制。请按照控制要求完成控制程序的编写并抓取电动机运行仿真曲线。

第5章 伺服系统平面插补运动设计

5.1 多伺服平面插补运动控制原理及应用

插补通常是指在数控机床加工工作过程中对刀具进行控制的一种方法。在机床的实际加工中，工件的轮廓形状千差万别、各式各样，为了满足加工工件几何尺寸精度的要求，刀具中心轨迹应该严格准确地按照工件的轮廓形状来生成。对于简单的轨迹曲线，使用数控机床比较容易实现，但是如果加工工件的形状过于复杂，仍然采用曲线直接计算生成的方法，就会使控制器承担极大的计算工作量，这势必要求控制器的性能大大提升，从而使整体设备成本提高。因此，在实际应用中，在保证控制效果的前提下尽量控制数控机床设备的成本，经常会采用一小段直线或弧线去逼近要求轨迹曲线的方法，将这种使用小段直线、圆弧、抛物线、椭圆、双曲线或其他高阶曲线去逼近实际要求运行轨迹的方法称为轨迹拟合。

插补是指将要求达到的曲线起点、终点之间的空间进行数据点密化，从而形成要求的轮廓轨迹的过程。数据点密化是指已知要求曲线上的某些数据点，按照某种算法计算已知点之间的中间点的方法。在生产领域进行的插补控制就是数控装置根据输入的基本数据，通过算法计算，把要求加工工件轮廓的形状描述出来，在计算过程中，边计算边根据计算结果向各坐标发出进给脉冲，对应每个进给脉冲，自动地对各坐标轴进行脉冲分配，从而完成整个线段的轨迹运行，在满足加工精度要求的前提下，将工件加工成所需要轮廓形状的过程。

插补运动至少需要两个轴参与。进行插补运动时，首先需建立坐标系，将规划轴映射到相应的坐标系中，运动控制器根据坐标映射关系，控制各轴运动，实现要求的运动轨迹。由于直线和圆弧是构成零件轮廓的基本线型，因此早期传统的 CNC 数控系统都具有直线插补和圆弧插补两种基本功能。对于非直线和圆弧曲线则采用直线和圆弧分段拟合的方法进行插补。这种方法在处理复杂曲线时会导致数据量大、精度差、进给速度不均、编程复杂等一系列问题，必然对加工质量和加工成本造成较大的影响。经过国内外学者的研究与积累，近年来逐渐出现了能够对复杂的自由型曲线曲面进行直接插补的新方法，如：A（AKIMA）样条曲线插补、C（CUBIC）样条曲线插补、贝塞尔（Bezier）曲线插补、PH（Pythagorean-Hodograph）曲线插补、B 样条曲线插补等。因此，在三坐标以上联动的 CNC 数控系统中，一般具有螺旋线插补。在一些高档 CNC 数控系统中，已经出现了抛物线插补、渐开线插补、正弦线插补、样条曲线插补和球面螺旋线插补等功能。

1. 插补的分类

插补的方法和原理很多，根据数控系统输出到伺服驱动装置信号的不同，插补方法可分为基准脉冲插补和数据采样插补两种类型。

（1）基准脉冲插补　基准脉冲插补又称脉冲增量插补或行程标量插补，其特点是数控装置在每次插补结束时向各个运动坐标轴输出一个基准脉冲序列，驱动各坐标轴进给电动机的运动。每个脉冲代表刀具或工件的最小位移，脉冲的数量代表了刀具或工件移动的位移量，脉冲序列的频率代表刀具或工件运动的速度。

基准脉冲插补的插补运算简单，容易用硬件电路实现，运算速度很快。早期的 CNC 系统都是采用这类方法，目前的 CNC 系统中也可用软件来实现，但仅适用于一些由步进电动机驱动的中等精度或中等速度要求的开环数控系统。有的数控系统将其用于数据采样插补中的精插补。

基准脉冲插补的方法很多，如逐点比较法、数字积分法、比较积分法、数字脉冲乘法器法、最小偏差法、矢量判别法、单步追踪法、直接函数法等。其中应用较多的是逐点比较法和数字积分法。

（2）数据采样插补　数据采样插补又称为数据增量插补、时间分割法或时间标量插补。这类插补方法的特点是数控装置产生的不是单个脉冲，而是标准二进制字。插补运算分两步完成。第一步为粗插补，采用时间分割思想，把加工一段直线或圆弧的整段时间细分为许多相等的时间间隔，称为插补周期。在每个插补周期内，我们可以根据插补周期 T 和编程的进给速度 F 计算轮廓步长 $L = F \times T$，将轮廓曲线分割为若干条长度为轮廓步长 L 的微小直线段；第二步为精插补，数控系统通过位移检测装置定时对插补的实际位移进行采样，根据位移检测采样周期的大小，采用直线的基准脉冲插补，在轮廓步长内再插入若干点，即在粗插补算出的每一微小直线段的基础上再作"数据点的密化"工作。

2. 插补的原理

学习插补原理时，以插补最常见的两种方式（直线插补和圆弧插补）为例研究说明。

（1）直线插补　直线插补方式中，两点间的插补沿直线的点群来逼近。首先假设在实际轮廓起始点处沿 X 方向走一小段（给一个脉冲当量，轴走一段固定距离），发现终点在实际轮廓的下方，则沿 Y 方向走一小段，此时如果线段终点还在实际轮廓下方，则继续沿 Y 方向走一小段，直到在实际轮廓上方以后，再向 X 方向走一小段，依次循环类推，直到到达轮廓终点。这样实际轮廓是由一段段折线拼接而成，虽然是折线，但每一段插补线段在精度允许范围内非常小，那么此段折线还是可以近似看做一条直线段，即直线插补。假设需要在 XY 平面上从点 (X_0, Y_0) 运动到点 (X_1, Y_1)，其直线插补的加工过程如图 5-1 所示。

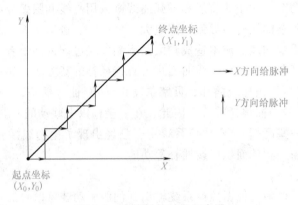

图 5-1　直线插补过程示意图

（2）圆弧插补　圆弧插补与直线插补类似，给出两端点间的插补数字信息，以一定的算法计算出逼近实际圆弧的点群，控制伺服电动机沿这些点运动，加工出圆弧曲线。圆弧插补可以是平面圆弧（至少两个轴），也可以是空间圆弧（至少三个轴）。以平面圆弧插补为例，假设需要在 XY 平面第一象限走一段逆圆弧，以圆心为起点，其圆弧插补的加工过程如图 5-2 所示。

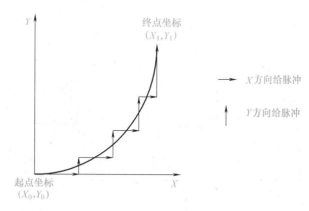

图 5-2　圆弧插补过程示意图

控制器的空间圆弧插补功能是根据当前点和圆弧指令参数设置的终点以及中间点（或圆心），由三个点确定圆弧，并实现空间圆弧插补运动，坐标为三维坐标，至少需要三个轴分别沿 X 轴、Y 轴和 Z 轴运动，相关内容将在下一章进行学习。

3. 运动控制器的插补模式

多轴运动控制系统实训平台所采用的运动控制器的插补运动模式具有以下功能：

1）可以实现直线插补、圆弧插补、空间圆弧插补、椭圆插补和螺旋插补等。

2）可以在多个坐标系多通道进行多轴插补运动。

3）每轴均有运动缓存区，可以实现运动的暂停、恢复等功能，停止插补运动一个轴，其他轴跟着全部停止。

4）具有缓存区延时和缓存区数字量同步输出的功能。

5）具有预处理功能，控制器自行分析计算目标轨迹，能够实现小线段高速平滑的连续轨迹运动。

在使用控制器实现二轴直线插补时，假设选取 0 号和 1 号两伺服电动机参与直线插补运动，如图 5-3 所示，两台伺服电动机的直线插补运动从 A 点运动到 B 点，XY 方向同时起动，并同时到达终点，设置 0 号伺服电动机的运动距离为 ΔX，1 号伺服电动机的运动距离为 ΔY，主轴是 BASE 参数的第一个轴（此时主轴为 0 号伺服电动机），插补主轴运动速度为 S（主轴的设置速度），各个伺服电动机的实际速度为主轴的分速度，不等于 S，此时：

主轴运动距离：$X = \left[(\Delta X)^2 + (\Delta Y)^2\right]^{1/2}$

0 号伺服电动机实际速度：$S_0 = S \times \Delta X / X$

1 号伺服电动机实际速度：$S_1 = S \times \Delta Y / X$

在使用控制器实现三轴直线插补时，假设选取 0 号、1 号和 2 号三伺服电动机参与直线插补运动，如图 5-4 所示，三台伺服电动机直线插补运动从 A 点运动到 B 点，XYZ 方向同时起动，并同时到达终点，设置 0 号伺服电动机的运动距离为 ΔX，1 号伺服电动机的运动距

离为 ΔY，2 号伺服电动机的运动距离为 ΔZ，插补主轴 0 号伺服电动机的运动速度为 S，各个轴的实际速度为主轴的分速度，不等于 S，此时：

主轴运动距离为 $X = \left[\,(\Delta X)^2 + (\Delta Y)^2 + (\Delta Z)^2\,\right]^{1/2}$

轴 0 实际速度：$S_0 = S \times \Delta X / X$

轴 1 实际速度：$S_1 = S \times \Delta Y / X$

轴 2 实际速度：$S_2 = S \times \Delta Z / X$

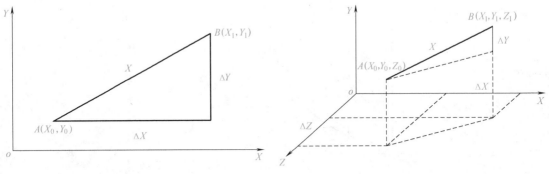

图 5-3　控制器二轴直线插补运动曲线　　　　图 5-4　控制器三轴直线插补运动曲线

多轴直线插补可以理解为轴的多个自由度，是在三维空间里的直线插补。以四轴插补为例，一般是三个轴在 XYZ 平面走直线，另一个轴为旋转轴，按照一定的比例关系做跟随运动。

4. 运动控制器的连续插补

实际生产过程中，使用插补功能时会存在连续进行两次或多次插补的情况。在这种情况下，如果不开启插补的融合功能，上一条插补运动完成后执行下一条插补时，会先减速停止，再重新加速执行插补运动，实际应用时这种情况会导致加工效率低下。因此，一般情况下，需要使连续的插补运动之间不减速，这就是运动控制器的连续插补功能。

若要使插补动作连续，需开启运动控制器的插补融合功能，相同主轴的插补运动会自动被连续，连续两段运动之间不减速，而且通过指令可以手动设置运动速度和结束速度，如图 5-5 所示。

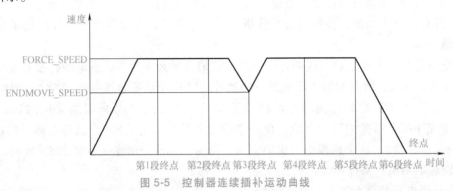

图 5-5　控制器连续插补运动曲线

下面通过一个实际的应用案例来理解平面插补运动的含义。在龙门机器人设备中，如图 5-6 所示，机器人移动横梁在两侧支撑轨道的作用下可以完成纵向移动，横梁上的机器臂可以沿着机器人横梁的方向横向移动，不考虑机器臂的上下移动以及机器臂末端的治具动作，那么龙门机器人设备的机器臂在纵向和横向的运动轨迹就是一条平面插补曲线。

又如现在家具制造行业中普遍使用的木工雕刻设备，如图5-7所示，控制雕刻深度的刻刀电动机运行到位后，控制刻刀横向移动和纵向移动的伺服电动机根据设定好的平面插补曲线运行，刻刀高速旋转在木工材料上雕刻出需要的花纹。

图5-6　龙门机器人设备示意图

图5-7　木工雕刻设备示意图

5.2　多伺服平面插补运动控制指令介绍

如何使用程序命令语言实现平面插补功能呢？我们仍然先学习平面插补的相关控制指令，然后再针对具体案例进行控制程序的设计。

1. 直线运动指令——MOVE

指令类型：多轴运动指令。

指令描述：该指令在2.4节已经讲解过单轴运动的使用方法，这里主要讲解直线插补运动的控制方法。指令含义为直线插补相对运动一段距离。插补运动时，只有主轴速度参数有效，主轴是BASE的第一个轴，运动参照主轴的参数。

插补运动距离为：$X=\sqrt{X_0^2+X_1^2+X_2^2+\cdots+X_n^2}$；运动时间 $T=X/$主轴SPEED。

指令语法：MOVE(distance1 [,distance2 [,distance3 [,distance4...]]])

式中，distance1值为第1个轴相对运动的距离；distance2值为第2个轴相对运动的距离，后面以此类推。（相对位置）直线插补伺服电动机运行位置轨迹如图5-8所示。

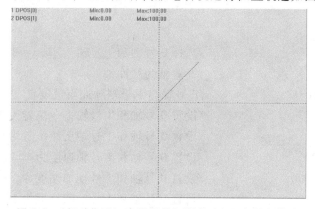

图5-8　（相对位置）直线插补伺服电动机运行位置轨迹

指令举例：

BASE(0,1)	'选择 0 号轴和 1 号轴
ATYPE = 1,1	'设为脉冲轴类型
UNITS = 100,100	'两个轴的脉冲当量设置
SPEED = 100,100	'两个轴直线定位运动速度为 100units/s
ACCEL = 1000,1000	'两个周加速度值设为 1000units/s^2
DECEL = 1000,1000	'两个周减速度值设为 1000units/s^2
DPOS = 0,0	'设置 0 号轴和 1 号轴指令位置为 0
MPOS = 0,0	'设置 0 号轴和 1 号轴反馈位置为 0
TRIGGER	'自动触发示波器
MOVE(100,100)	'直线插补运动,每个轴相对运动距离为 100

2. 直线运动（绝对）指令——MOVEABS

指令类型：多轴运动指令。

指令描述：该指令在 2.4 章节已经讲解过单轴运动的使用方法，这里主要讲解直线插补运动的控制方法。该指令含义为直线插补运动，绝对运动到指定坐标。

指令语法：MOVEABS(position1[,position2[,position3[,position4...]]])

式中，position1 值为第 1 个轴绝对运动的坐标；distance2 值为第 2 个轴绝对运动的坐标，后面以此类推。（绝对位置）直线插补伺服电动机运行位置轨迹如图 5-9 所示。

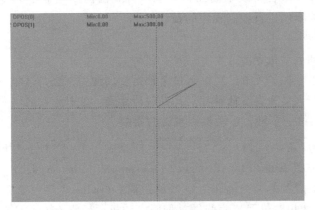

图 5-9 （绝对位置）直线插补伺服电动机运行位置轨迹

指令举例：

BASE(0,1)	'选择 0 号轴和 1 号轴
ATYPE = 1,1	'设置轴为脉冲轴
UNITS = 100,100	'0 号轴与 1 号轴脉冲当量设置
DPOS = 0,0	'设置 0 号轴和 1 号轴指令位置为 0
MPOS = 0,0	'设置 0 号轴和 1 号轴反馈位置为 0
SPEED = 100,100	'设置 0 号轴和 1 号轴速度为 100units/s
ACCEL = 1000,1000	'设置 0 号轴和 1 号轴加速度为 1000units/s^2
DECEL = 1000,1000	'设置 0 号轴和 1 号轴减速度为 1000units/s^2
TRIGGER	'自动触发示波器

MOVEABS（500,300）　　　　　　'轴 0 运动到 500,轴 1 运动到 300,插补运动
MOVEABS（100,100）　　　　　　'轴 0 运动到 100,轴 1 运动到 100,插补运动

3. 圆心画弧指令——MOVECIRC

指令类型：多轴运动指令。

指令描述：指令含义为两轴圆弧插补，圆心画弧，相对运动。BASE 指令参数第 1 轴和第 2 轴进行圆弧插补，移动方式为相对运动，当终点距离为 0 时为整圆。使用时需获得圆心和圆弧终点相对于起始点的坐标。需要注意的是，使用时坐标位置要确保正确，否则实际运动轨迹会出现错误。如图 5-10 所示。假设起始点 A 坐标为（100，100）、圆心 C 坐标为（400，100）、终点 B 坐标为（400，400）。圆心 C 相对于起始点 A 的坐标为（300，0），终点 B 相对于起始点 A 的坐标为（300，300）。

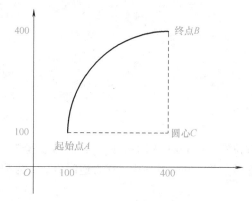

图 5-10　圆心画弧指令坐标示意

指令语法：MOVECIRC（end1,end2,centre1,centre2,direction）

式中，end1 为相对于起始点，终点第一个轴运动坐标；end2 为相对于起始点，终点第二个轴运动坐标；centre1 为相对于起始点，圆心第一个轴运动坐标；centre2 为相对于起始点，圆心第二个轴运动坐标；direction 中，0 为逆时针，1 为顺时针。

指令举例：

BASE(0,1)　　　　　　　　　　　'选择 0 号轴和 1 号轴
ATYPE=1,1　　　　　　　　　　'设为脉冲轴类型
UNITS=100,100　　　　　　　　'0 号轴与 1 号轴脉冲当量设置
DPOS=0,0　　　　　　　　　　'设置 0 号轴和 1 号轴指令位置为 0
SPEED=100,100　　　　　　　　'设置 0 号轴和 1 号轴速度为 100units/s
ACCEL=1000,1000　　　　　　　'设置 0 号轴和 1 号轴加速度为 1000units/s^2
DECEL=1000,1000　　　　　　　'设置 0 号轴和 1 号轴减速度为 1000units/s^2
TRIGGER　　　　　　　　　　'自动触发示波器
MOVE(100,100)　　　　　　　　'0 号轴和 1 号轴先运动 100,100 位置
MOVECIRC(200,0,100,0,1)　　　'半径 100 顺时针画半圆,终点坐标(300,100)

圆心画弧指令运行曲线如图 5-11 所示。

如果上述程序其他不变，只是把最后两行程序修改为：

MOVECIRC(0,0,100,0,0)　　　　'半径 100,圆心(100,0)逆时针画圆

得到如图 5-12 的轨迹曲线。

4. 圆心画弧（绝对）指令——MOVECIRCABS

指令类型：多轴运动指令。

指令描述：该指令为两轴圆弧插补，圆心画弧，绝对运动。BASE 第一轴和第二轴进行圆弧插补，绝对移动方式。

指令语法：MOVECIRCABS（end1，end2，centre1，centre2，direction）

式中，end1 为终点第一个轴运动坐标，绝对位置；end2 为终点第二个轴运动坐标，绝

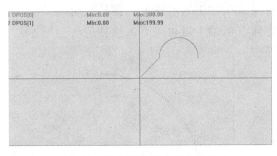

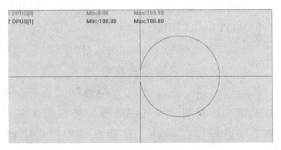

图 5-11 圆心画弧指令运行曲线 1 　　图 5-12 圆心画弧指令运行曲线 2

对位置；centre1 为圆心第一个轴运动坐标，绝对位置；centre2 为圆心第二个轴运动坐标，绝对位置；direction 中，0 为逆时针，1 为顺时针。

指令举例：

BASE(0,1)	'选择 0 号轴和 1 号轴
ATYPE=1,1	'设置轴为脉冲轴
UNITS=100,100	'0 号轴与 1 号轴脉冲当量设置
DPOS=0,0	'设置 0 号轴和 1 号轴指令位置为 0
SPEED=100,100	'设置 0 号轴和 1 号轴速度为 100units/s
ACCEL=1000,1000	'设置 0 号轴和 1 号轴加速度为 1000units/s^2
DECEL=1000,1000	'设置 0 号轴和 1 号轴减速度为 1000units/s^2
TRIGGER	'自动触发示波器
MOVE(100,100)	'轴 0 和轴 1 先运动 100,100 位置

MOVECIRCABS(200,0,100,0,1)'半径 100 顺时针画 1/4 圆,终点坐标(200,0)

圆心画弧（绝对）指令运行曲线如图 5-13 所示。

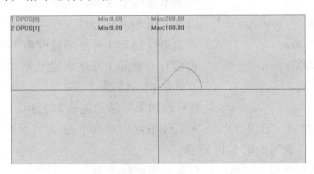

图 5-13 圆心画弧（绝对）指令运行曲线

5. 三点画弧指令——MOVECIRC2

指令类型：多轴运动指令。

指令描述：该指令为两轴圆弧插补，三点画弧，相对运动。BASE 第一轴和第二轴进行圆弧插补，相对移动方式，指令参数为相对起始点的距离。需要注意，该指令不能进行整圆插补运动，整圆插补使用 MOVECIRC 相对圆心画弧指令，或连续使用两条此类指令。

指令语法：MOVECIRC2（mid1,mid2,end1,end2）

式中，mid1 为中间点第一个轴坐标；mid2 为中间点第二个轴坐标；end1 为结束点第一个轴坐标；end2 为结束点第二个轴坐标。以上坐标均为相对起始点的距离。

指令举例：

BASE(0,1)	'选择 0 号轴和 1 号轴
ATYPE = 1,1	'设置轴为脉冲轴
UNITS = 100,100	'0 号轴与 1 号轴脉冲当量设置
DPOS = 0,0	'设置 0 号轴和 1 号轴指令位置为 0
SPEED = 100,100	'设置 0 号轴和 1 号轴速度为 100units/s
ACCEL = 1000,1000	'设置 0 号轴和 1 号轴加速度为 1000units/s^2
DECEL = 1000,1000	'设置 0 号轴和 1 号轴减速度为 1000units/s^2
TRIGGER	'自动触发示波器
MOVE(100,100)	'轴 0 和轴 1 先运动 100,100 位置
MOVECIRC2(100,100,200,0)	'三点画半圆,参数为相对坐标

程序运行结果如图 5-14 所示。

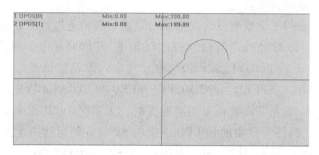

图 5-14　三点画弧指令运行曲线

6. 三点画弧（绝对）指令——MOVECIRC2ABS

指令类型：多轴运动指令。

指令描述：该指令为两轴圆弧插补，三点画弧，绝对运动。BASE 第一轴和第二轴进行圆弧插补，绝对移动方式。需要注意的是，该指令不能进行整圆插补运动，整圆插补使用 MOVECIRC 相对圆心画弧指令或连续使用两条此类指令。

指令语法：MOVECIRC2ABS（mid1,mid2,end1,end2）

式中，mid1 为中间点第一个轴坐标；mid2 为中间点第二个轴坐标；end1 为结束点第一个轴坐标；end2 为结束点第二个轴坐标。以上坐标均为绝对位置。

指令举例：

BASE(0,1)	'选择 0 号轴和 1 号轴
ATYPE = 1,1	'设置轴为脉冲轴
UNITS = 100,100	'0 号轴与 1 号轴脉冲当量设置
DPOS = 0,0	'设置 0 号轴和 1 号轴指令位置为 0
SPEED = 100,100	'设置 0 号轴和 1 号轴速度为 100units/s
ACCEL = 1000,1000	'设置 0 号轴和 1 号轴加速度为 1000units/s^2
DECEL = 1000,1000	'设置 0 号轴和 1 号轴减速度为 1000units/s^2
TRIGGER	'自动触发示波器

MOVE（100,100）   '轴 0 和轴 1 先运动 100,100 位置
MOVECIRC2ABS（200,200,300,100）   '三点画半圆,绝对坐标

程序运行结果如图 5-15 所示。

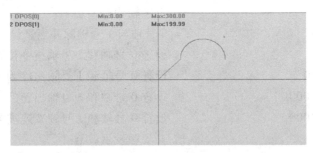

图 5-15　三点画弧（绝对）指令运行曲线

7. 运动单独速度指令——SP

指令类型：多轴运动指令。

指令描述：该指令用于设置每段运动的运行速度、起始速度和终止速度。多轴运动指令有对应 SP 运动指令，此时可以使用轴参数：FORCE_SPEED（限制速度）、STRATMOVE_SPEED（起始速度）和 ENDMOVE_SPEED（终止速度）来设置每个运动的运行速度、起始速度和终止速度，FORCE_SPEED、ENDMOVE_SPEED 和 STRATMOVE_SPEED 会随 SP 运动指令写入运动缓存区。当无需设置每个运动速度时，无需使用 SP 指令。使用时在插补运动指令后加上 SP 即可，另外程序中的 SPEED 速度与 SP 指令的运动速度无关。

指令语法：SP 指令包括 MOVESP，MOVEABSSP，MOVECIRCSP，MOVECIRCABSSP，MHELICALSP，MHELICALABSSP，MECLIPSESP，MECLIPSEABSSP，MSPHERICALSP

指令举例：

BASE（0,1）   '选择 0 号轴和 1 号轴
UNITS = 100,100   '0 号轴与 1 号轴脉冲当量设置
DPOS = 0,0   '设置 0 号轴和 1 号轴指令位置为 0
ACCEL = 1000,1000   '设置 0 号轴和 1 号轴加速度为 1000units/s^2
DECEL = 1000,1000   '设置 0 号轴和 1 号轴减速度为 1000 units/s^2
MERGE = ON   '打开连续插补
CORNER_MODE = 2+8   '启动自动拐角减速与小圆限速
DECEL_ANGLE = 15 ∗（PI/180）   '设置开始减速角度
STOP_ANGLE = 45 ∗（PI/180）   '设置结束减速角度
FULL_SP_RADIUS = 5   '设置小圆限速最大半径
SPEED = 1000,1000   '设置 0 号轴和 1 号轴速度为 1000units/s
STARTMOVE_SPEED = 1000   '设置一个较大的起始速度 1000units/s
ENDMOVE_SPEED = 1000   '设置一个较大的结束速度 1000units/s
FORCE_SPEED = 50   '每段受限制速度
TRIGGER   '自动触发示波器
MOVESP（0,100）   '该段速度为 50units/s

FORCE_SPEED = 70   '每段受限制速度

MOVESP(100,0)   '该段速度为 70units/s

程序运行结果如图 5-16 所示。

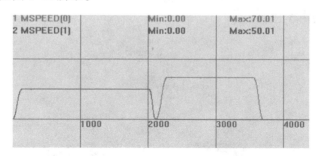

图 5-16　运动单独速度指令运行曲线

8. 拐角设置指令——CORNER_MODE

指令类型：**轴参数**。

指令描述：该指令为拐角减速等模式设置，模式设置成功后将自动计算多段运动指令的拐角是否需要处理。

指令语法：CORNER_MODE = mode；式中，mode 中不同的位代表不同的意义，位可以同时使用，例如：同时开启三种模式，设置 corner_mode = 2+8+32。mode 参数含义见表 5-1。

表 5-1　mode 参数含义表

位	数值	含义描述
0	1	预留
1	2	自动拐角减速，按 ACCEL、DECEL 加减速度，此参数是在 MOVE 函数调用前生效 减速拐角参考速度以 FORCE_SPEED 速度为参考，一定要设置合理的 FORCE_SPEED
2	4	预留
3	8	自动小圆限速，半径小于设置值时限速，大于限制值时不限速，此参数在 MOVE 函数调用前修改生效，限制速度按 FORCE_SPEED 计算； 限速 = FORCE_SPEED * 实际半径/FULL_SP_RADIUS，限速半径按 FULL_SP_RADIUS 设置
4	16	预留
5	32	自动倒角设置，此参数在 MOVE 函数调用前修改生效； 此 MOVE 运动自动和前面的 MOVE 运动做倒角处理，倒角半径参考 ZSMOOTH 指令

指令举例：

BASE(0,1)   '选择 0 号轴和 1 号轴

DPOS = 0,0   '设置 0 号轴和 1 号轴指令位置为 0

ACCEL = 500,500   '设置 0 号轴和 1 号轴加速度为 500units/s^2

DECEL = 500,500   '设置 0 号轴和 1 号轴减速度为 500units/s^2

SPEED = 100,100   '0 号轴和 1 号轴运行速度为 100units/s

CORNER_MODE = 32   '启动倒角

ZSMOOTH = 10   '倒角参考半径

TRIGGER   '自动触发示波器

MOVE(100,0)	'轴 0 和轴 1 运动到 100,0 位置
MOVE(0,100)	'轴 0 和轴 1 运动到 0,100 位置,两条直线间自动倒角

程序运行结果如图 5-17 所示。

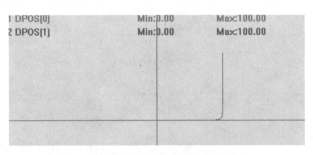

图 5-17　拐角设置指令倒角运行曲线

9. 连续插补指令——MERGE

指令类型:轴参数。

指令描述:该指令前后缓冲的运动连接到一起而不减速,用于连续插补。

指令语法:MERGE = ON/OFF

指令举例:

BASE(0)	'选择 0 号轴
DPOS = 0	'设置 0 号轴指令位置为 0
UNITS = 100	'0 号轴脉冲当量设置
SPEED = 1000	'速度 1000unit/s
ACCEL = 1000	'设置 0 号轴加速度为 500units/s^2
DECEL = 1000	'设置 0 号轴加速度为 500units/s^2
MERGE = ON	'打开连续插补
TRIGGER	'自动触发示波器
MOVE(1000)	'0 号轴相对运动距离为 1000units
MOVE(1000)	'0 号轴再次相对运动距离为 1000units

程序运行结果如图 5-18 所示。

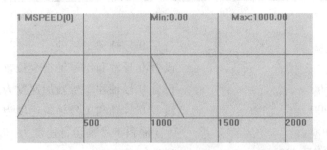

图 5-18　启动连续插补时电动机速度曲线

如果将连续插补关闭(设置 Merge = OFF),那么得到的电动机速度曲线如图 5-19 所示。

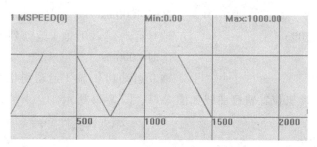

图 5-19 关闭连续插补时电动机速度曲线

5.3 多伺服平面插补运动程序仿真测试

针对 5.1 节的应用案例，进行分析、编程，并通过仿真观察程序的运行情况和控制效果。

例 1 以龙门机器人为例，横梁运动方向定义为 X 轴，两侧导轨方向定义为 Y 轴，如图 5-20 所示。按照如下要求，完成龙门机器人在 X/Y 平面内的直线插补运动。

龙门机器人先从其起始点，坐标为（0，0），运行到第一目的点，坐标为（5，20），停留 4s 等待机器臂完成取件，然后运行到第二目的点，坐标为（2，5），停留 4s 等待机器臂码垛，再回到起始点。坐标单位为 m；脉冲当量设置为 100；电动机运行速度为 100unit/s；电动机加减速度为 1000unit/s^2。

首先注意到龙门机器人横梁运行轨迹是以坐标系坐标点位置形式给出的，所以选择直线运动（绝对）指令完成插补控制。电动机的

图 5-20 龙门机器人坐标示意图

运行单位设置为 1m，即 1m = 100units。选择 X 轴电动机为 0 号轴，Y 轴电动机为 1 号轴；运行过程分为三段，每段中间有 4s 的等待时间。因此可以得到的控制程序如下：

```
BASE(0,1)                '选择 0 号轴和 1 号轴
ATYPE = 1,1              '设置轴为脉冲轴
UNITS = 100,100          '0 号轴与 1 号轴脉冲当量设置
DPOS = 0,0               '设置 0 号轴和 1 号轴指令位置为 0
MPOS = 0,0               '设置 0 号轴和 1 号轴反馈位置为 0
SPEED = 100,100          '设置 0 号轴和 1 号轴速度为 100unit/s
ACCEL = 1000,1000        '设置 0 号轴和 1 号轴加速度为 1000unit/s²
DECEL = 1000,1000        '设置 0 号轴和 1 号轴减速度为 1000unit/s²
TRIGGER                  '自动触发示波器
MOVEABS(500,2000)        '轴 0 运动到 500,轴 1 运动到 2000,插补运动
```

```
DELAY(4000)                      '延时 4000ms
MOVEABS(200,500)                 '轴 0 运动到 200,轴 1 运动到 500,插补运动
DELAY(4000)                      '延时 4000ms
MOVEABS(0,0)                     '轴 0 运动到 0,轴 1 运动到 0,插补运动
```

上述控制程序电动机位置轨迹曲线如图 5-21、图 5-22 所示。

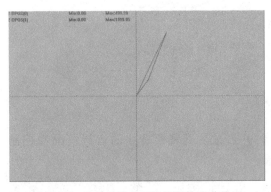

图 5-21 龙门机器人运行位置轨迹曲线图

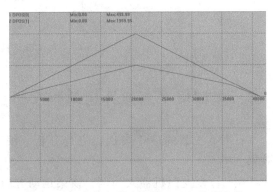

图 5-22 龙门机器人伺服电动机位置曲线

例 2 使用木工雕刻设备完成如图 5-23 的图形雕刻。木工雕刻设备在平面上的运动由两台伺服电动机驱动完成。工作时，先起动雕刻电动机，等待 1s 后，横向、纵向伺服开始运行，通过圆弧插补运动控制，大圆半径为 50mm，小圆半径为 20mm，脉冲当量设置为 100，电动机运行速度为 500unit/s，电动机加减速度为 1000unit/s^2。编写控制程序并仿真验证运动曲线是否正确。

雕刻图案由两个同心圆组成，所以选择圆心画弧指令完成插补控制，两个圆形使用两次圆心画弧指令，中间使用直线插补指令过渡到第二次圆心画弧指令的起始位。电动机的运行单位设置为 1mm，即 1mm = 100units。

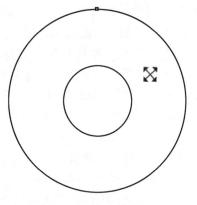

图 5-23 木雕设备雕刻曲线

选择横轴电动机为 0 号轴，纵轴电动机为 1 号轴，雕刻电动机通过输出 OUT0 控制。因此可以得到控制程序如下：

```
BASE(0,1)                        '选择 0 号轴和 1 号轴
ATYPE = 1,1                      '设为脉冲轴类型
UNITS = 100,100                  '0 号轴与 1 号轴脉冲当量设置
DPOS = 0,0                       '设置 0 号轴和 1 号轴指令位置为 0
SPEED = 500,500                  '设置 0 号轴和 1 号轴速度为 500unit/s
ACCEL = 1000,1000                '设置 0 号轴和 1 号轴加速度为 1000unit/s²
DECEL = 1000,1000                '设置 0 号轴和 1 号轴减速度为 1000unit/s²
TRIGGER                          '自动触发示波器
MERGE = ON                       '打开连续插补
WAIT UNTIL OUT(0) = ON           '等待 0 号通道输出变为高电平
MOVECIRC(0,0,50,0,0)             '半径 50,圆心(50,0)逆时针画圆
```

MOVE(30,0)　　　　　　　　　　'轴 0 运动到 30,轴 1 运动到 0,插补运动
MOVECIRC(0,0,20,0,1)　　　　　'半径 20,圆心(50,0)顺时针画圆
上述控制程序电动机位置轨迹曲线如图 5-24 所示。

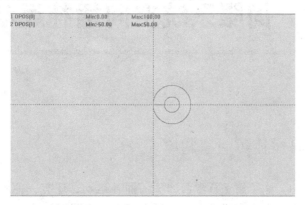

图 5-24　木工雕刻机运行位置轨迹曲线

思考与练习题

1. 什么叫轨迹拟合？插补的定义是什么？

2. 简述插补的分类以及每种类型的特点。

3. 简述多轴运动控制系统实训平台所采用的运动控制器的插补运动模式功能。

4. 简述进行平面直线插补和平面曲线插补的指令。

5. 按照控制工艺要求，分别使用相对运动和绝对运动方式完成直线插补控制：两台伺服电动机分别控制执行机构在 X 轴和 Y 轴方向运动，共运行 3 次，距离分别为（400，400）、（200，100）、（100，200），坐标单位为 units；脉冲当量设置为 100；电动机运行速度为 100unit/s；电动机加减速度为 1000unit/s^2。根据要求编写控制程序并抓取电动机运行仿真曲线。

6. 木工雕刻设备在平面上的运动由两台伺服电动机驱动完成，工作时，先起动雕刻电动机，等待 1s 后，横向、纵向伺服开始运行，通过圆弧插补运动控制，大圆半径为 50mm，小圆半径为 20mm，脉冲当量设置为 100；电动机运行速度为 500unit/s；电动机加减速度为 1000unit/s^2。要求使用三点画弧（绝对）指令：MOVECIRC2ABS，完成上述工业要求的控制程序并抓取电动机运行仿真曲线。

第6章 伺服系统空间插补运动设计

6.1 多伺服空间插补运动控制原理及应用

在现实工业生产中，除了第 5 章学习的平面插补运动，还有一种应用广泛的插补形式，即空间插补。先回顾上一章内容里的龙门机器人案例，如图 6-1 所示。龙门机器人在正常生产运行过程中，除了移动横梁沿着支撑导轨的运动和机器臂在横梁上的平移之外，还伴随机器臂的升降动作，如果关注机器臂末端的治具机构，那么它在运动过程中的曲线就是一个典型的空间插补曲线。

图 6-1 龙门机器人设备示意图

空间插补是指在数控系统和机器人控制等领域，要求完成沿空间上指定轨迹的移动，并且要求精确的连续运动轨迹控制。为了实现这一控制目的，需要确定运动路径上的某些关键点，然后根据轨迹特征算出这些点之间必须到达的中间位置点，通过插补进行控制，从而实现高效高精度的运动控制过程。

最简单的空间插补形式是空间直线插补，其控制原理和平面直线插补相似，不同之处在于空间直线插补曲线所在平面不一定是规定的基坐标平

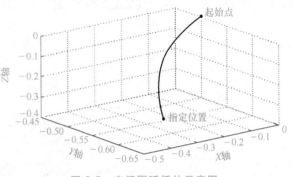

图 6-2 空间圆弧插补示意图

面，也可能是空间范围内任意平面。更复杂一些的插补形式是空间圆弧插补，如图 6-2 所示。

1. 空间圆弧插补

空间三点圆弧矢量插补是根据空间不在一条直线上的三点确定下来的圆弧，通过空间矢量的变换、计算来进行插补实现的一种方法。其基本流程为：

1）通过不在一条直线上的空间三点确定圆弧所在圆的圆心坐标。

2）通过圆心与三点中任意一点的距离确定所在圆的半径。

3）通过圆心与起点、终点所在矢量确定圆弧的圆心角。

4）通过圆心角、速度、插补周期、半径、三点坐标、圆心坐标等标量与矢量计算出当前时间点上的插补坐标。

上述空间三点圆弧矢量插补算法的优势为：计算时仅需提供空间三点的坐标；矢量坐标都为绝对坐标，中间无需坐标转换；理论上可使所有插补点均落在圆弧上；采用矢量算法，避免了插补方向和过象限的判断；没有累积误差。而此算法的缺点在于：在插补前计算量较大，控制器处理的时间较长；快速且小距离运动有可能导致时间误差；最终结果需要实验验证。

2. 螺旋插补

实际生产中还有一种常见的空间曲线插补形式，即螺旋插补。从名字上就可以知道，螺旋插补的空间运行曲线是一条平滑的螺旋线。一般螺旋插补用于螺纹的切削加工和圆孔的加工，所谓螺旋插补是指在所需轮廓的两个已知点之间，根据加工轮廓曲线的要求按照螺旋线加工函数实现多轴插补控制的方法。螺旋插补算法是标准圆弧插补的扩展，在三维坐标轴中实现。一般情况下，螺旋插补算法是三坐标轴联动，其中两个轴执行联动圆弧插补运动，第三根轴进行直线插补的合成运动，从而实现螺旋插补功能。螺旋插补轨迹如图6-3所示。

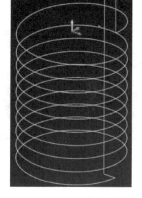

图6-3 螺旋插补轨迹示意图

空间曲线插补的应用也十分广泛，在数控机床加工过程中，加工件的曲面、弧度以及不规则外形轮廓大多会用到空间圆弧插补。而螺旋插补大多应用于螺纹加工和孔加工工艺。螺纹铣削是使用成形的螺纹铣刀沿螺旋插补轨迹进行螺纹铣削加工，与传统的使用丝锥、板牙加工相比，精度和效率都得到很大提升，而且可一刀多用，既可加工内、外螺纹，也可使用同一把刀加工不同规格的螺纹，在提高精度和效率的同时还使成本极大降低。螺纹插补还可以完成铣孔代镗孔的加工，其轨迹控制规律为：刀具按照螺旋插补的方式从进刀点进刀，开始加工进给，每周铣进一个深度，逐次指定螺旋插补进给，直到完成孔加工的全部深度。如果是不通孔，在孔底还需加入一段圆弧插补指令以保证孔底平面质量。使用这种方法可以用一把铣刀加工多个不同尺寸的孔。编制加工程序时，需要计算各加工孔的插补半径和需要的插补进给次数。采用螺旋插补方式圆周铣孔的优点在于：刀具轨迹连续且切削过程平稳，刀具承受切削力小，不存在分层时的接刀痕迹，因而可提高轮廓侧面的加工质量，而且一次加工即可满足精度要求，工作效率高。

6.2 多伺服空间插补运动控制指令介绍

接下来仍然先学习空间插补的相关控制指令，然后再针对具体案例进行控制程序的设计。空间直线插补的指令在前面章节已经介绍过,大家可参看 5.2 章节的 MOVE 指令和 MOVEABS 指令。下面着重介绍空间圆弧插补指令和螺旋插补指令的使用方法。

1. 圆心螺旋指令——MHELICAL

指令类型:**多轴运动指令**

指令描述:该指令含义为螺旋插补,圆心画弧,相对运动。BASE 参数第一轴和第二轴进行圆弧插补,第三轴进行螺旋,相对运动方式。可完整螺旋一圈,从 Z 方向看为一整圆。

指令语法:MHELICAL(end1,end2,centre1,centre2,direction,distance3,[mode])

式中,end1 为第一个轴结束点运动坐标相对于起始点的距离;end2 为第二个轴结束点运动坐标相对于起始点的距离;centre1 为第一个轴圆心坐标相对于起始点距离;centre2 为第二个轴圆心坐标相对于起始点距离;direction 值为 0 时代表运动方向为逆时针,值为 1 时代表运动方向为顺时针;distance3 为第三个轴运动距离;mode 为第三轴的速度计算,当 mode 值为 0(缺省)时第三轴参与插补速度计算,当 mode 值为 1 时第三轴不参与插补速度计算。

指令举例:

BASE(0,1,2)	'选择 0 号轴、1 号轴和 2 号轴
ATYPE=1,1,1	'设为脉冲轴类型
UNITS=100,100,100	'0 号轴、1 号轴和 2 号轴脉冲当量设置
DPOS=0,0,0	'设置 0 号轴、1 号轴和 2 号轴指令位置为 0
SPEED=100,100,100	'设置主轴速度为 100units/s
ACCEL=1000,1000,1000	'设置主轴加速度为 1000units/s^2
DECEL=1000,1000,1000	'设置主轴减速度为 1000units/s^2
MHELICAL(200,-200,200,0,1,100)	'原点作为起点,中心(200,0),终点(200,-200),顺时针运动,Z 轴参与速度计算,Z 轴运动距离 100

程序运行结果如图 6-4 所示。

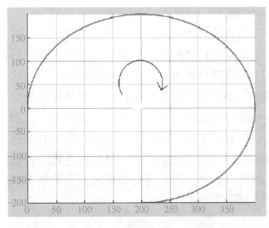
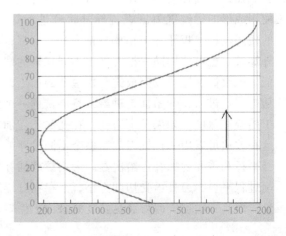

图 6-4　使用圆心螺旋指令的运行轨迹曲线

2. 圆心螺旋(绝对)指令——MHELICALABS

指令类型:**多轴运动指令**

指令描述：该指令含义为螺旋插补，圆心画弧，绝对运动。BASE 参数第一轴和第二轴进行圆弧插补，第三轴进行螺旋，绝对移动方式。可完整螺旋一圈，从 Z 方向看为一整圆。

指令语法：MHELICALABS（end1，end2，centre1，centre2，direction，distance3，[mode]）

式中，end1 为第一个轴运动坐标；end2 为第二个轴运动坐标；centre1 为第一个轴运动圆心坐标；centre2 为第二个轴运动圆心坐标；direction 值为 0 时代表运动方向为逆时针，值为 1 时代表运动方向为顺时针；distance3 为第三个轴运动坐标；mode 为第三轴速度计算，当 mode 值为 0（缺省）时第三轴参与插补速度计算，当 mode 值为 1 时第三轴不参与插补速度计算。

指令举例：

BASE（0，1，2）	'选择 0 号轴、1 号轴和 2 号轴
ATYPE = 1，1，1	'设为脉冲轴类型
UNITS = 100，100，100	'0 号轴、1 号轴和 2 号轴脉冲当量设置
DPOS = 0，0，0	'设置 0 号轴、1 号轴和 2 号轴指令位置为 0
SPEED = 100，100，100	'设置主轴速度为 100units/s
ACCEL = 1000，1000，1000	'设置主轴加速度为 1000units/s^2
DECEL = 1000，1000，1000	'设置主轴减速度为 1000units/s^2
MHELICALABS（0，0，200，0，1，200）	'起点原点，中心（200，0），终点（0，0），顺时针运动，Z 轴参与速度计算，Z 轴运动位置 200

程序运行如图 6-5、图 6-6 所示。

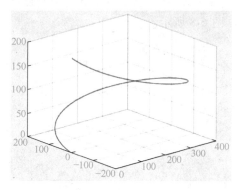

图 6-5　使用圆心螺旋（绝对）指令的运行轨迹曲线

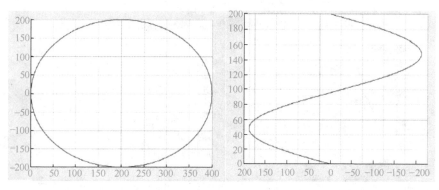

图 6-6　使用圆心螺旋（绝对）指令时各基准平面的运行轨迹曲线

3. 三点螺旋指令——MHELICAL2

指令类型： 多轴运动指令

指令描述： 该指令含义为螺旋插补，三点画弧，相对运动。BASE 参数第一轴和第二轴进行圆弧插补，第三轴进行螺旋，相对移动方式。无法螺旋一圈，如需螺旋一圈请使用 MHELICAL 指令或 MHELICALABS 指令。

指令语法： MHELICAL2（mid1,mid2,end1,end2,distance3,[mode]）

式中，mid1 为第一个轴中间点坐标相对起始点的距离；mid2 为第二个轴中间点坐标相对起始点的距离；end1 为第一个轴结束点坐标相对起始点距离；end2 为第二个轴结束点坐标相对起始点距离；distance3 为第三个轴相对起始点的运动距离；mode 为第三轴的速度计算，当 mode 值为 0（缺省）时第三轴参与插补速度计算，当 mode 值为 1 时第三轴不参与插补速度计算。

指令举例：

BASE（0,1,2）	'选择 0 号轴、1 号轴和 2 号轴
ATYPE=1,1,1	'设为脉冲轴类型
UNITS=100,100,100	'0 号轴、1 号轴和 2 号轴脉冲当量设置
DPOS=0,0,0	'设置 0 号轴、1 号轴和 2 号轴指令位置为 0
SPEED=100,100,100	'设置主轴速度为 100units/s
ACCEL=1000,1000,1000	'设置主轴加速度为 1000units/s^2
DECEL=1000,1000,1000	'设置主轴减速度为 1000units/s^2
MHELICAL2（100,100,200,0,200）	'起点为原点,中间点（100,100）,终点（200,0）,Z 轴参与速度计算,Z 轴运动距离 200

程序运行结果如图 6-7、图 6-8 所示。

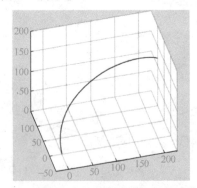

图 6-7　使用三点螺旋指令的运行轨迹曲线

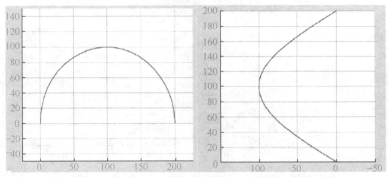

图 6-8　使用三点螺旋指令时各基准平面的运行轨迹曲线

4. 三点螺旋（绝对）指令——MHELICAL2ABS

指令类型：**多轴运动指令**

指令描述：该指令含义为螺旋插补，三点画弧，绝对运动。BASE 参数第一轴和第二轴进行圆弧插补，第三轴进行螺旋，绝对移动方式。无法螺旋一圈，如需要螺旋一圈请使用 MHELICAL 指令或 MHELICALABS 指令。

指令语法：MHELICAL2ABS(mid1,mid2,end1,end2,distance3,[mode])

式中，mid1 为第一个轴中间点坐标；mid2 为第二个轴中间点坐标；end1 为第一个轴结束点坐标；end2 为第二个轴结束点坐标；distance3 为第三个轴结束点坐标；mode 为第三轴的速度计算，当 mode 值为 0 （缺省）时第三轴参与插补速度计算，当 mode 值为 1 时第三轴不参与插补速度计算。

指令举例：

BASE(0,1,2)	'选择 0 号轴、1 号轴和 2 号轴
ATYPE=1,1,1	'设为脉冲轴类型
UNITS=100,100,100	'0 号轴、1 号轴和 2 号轴脉冲当量设置
DPOS=0,0,0	'设置 0 号轴、1 号轴和 2 号轴指令位置为 0
SPEED=100,100,100	'设置主轴速度为 100units/s
ACCEL=1000,1000,1000	'设置主轴加速度为 1000units/s²
DECEL=1000,1000,1000	'设置主轴减速度为 1000units/s²
MOVE(100,100)	'先控制 0 号轴和 1 号轴运动到(100,100)
MHELICAL2ABS(200,100,200,0,200)	'起点(100,100)，中间点'(200,100)，结束点(200,0)，Z 轴参与速度计算，Z 轴运动距离 200

程序运行结果如图 6-9、图 6-10 所示。

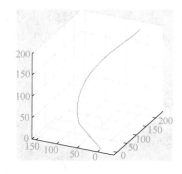

图 6-9　使用三点螺旋（绝对）指令的运行轨迹曲线

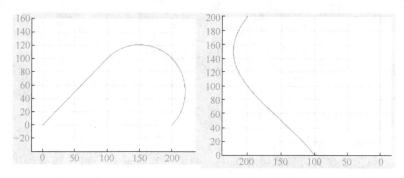

图 6-10　使用三点螺旋（绝对）指令时各基准平面的运行轨迹曲线

5. 椭圆指令——MECLIPSE

指令类型：多轴运动指令

指令描述：该指令含义为椭圆插补，中心画弧，相对运动，可选螺旋。BASE 参数第一轴和第二轴进行椭圆插补，相对移动方式，可选第三个轴同步螺旋。可以完成椭圆轨迹，但是要求椭圆的长轴和短轴需要与 X 轴平行。

指令语法：MECLIPSE(end1,end2,centre1,centre2,direction,adis,bdis[,end3])

其中，end1 为第一个轴相对于起始点的终点运动坐标；end2 为第二个轴相对于起始点的终点运动坐标；centre1 为第一个轴相对于起始点的中心点运动坐标；centre2 为第二个轴相对于起始点的中心点运动坐标；direction 值为 0 时代表逆时针运动，值为 1 时代表顺时针运动；adis 为第一轴的椭圆半径，半长轴或者半短轴都可以；bdis 为第二轴的椭圆半径，半长轴或者半短轴都可以，如果 adis 和 bdis 值大小相等，则自动为圆弧或螺旋；end3 为第三个轴的运动距离，该参数只在需要螺旋时填入。

指令举例：

BASE(0,1,2)	'选择 0 号轴、1 号轴和 2 号轴
ATYPE = 1,1,1	'设为脉冲轴类型
UNITS = 100,100,100	'0 号轴、1 号轴和 2 号轴脉冲当量设置
DPOS = 0,0,0	'设置 0 号轴、1 号轴和 2 号轴指令位置为 0
SPEED = 100,100,100	'设置主轴速度为 100units/s
ACCEL = 1000,1000,1000	'设置主轴加速度为 1000units/s^2
DECEL = 1000,1000,1000	'设置主轴减速度为 1000units/s^2
TRIGGER	'自动触发示波器
MOVE(100,100)	'0 号轴和 1 号轴相对运动距离 100units
MECLIPSE(200,0,100,0,1,100,50)	'中心(200,100)，终点(300,100)，椭圆半短轴50，半长轴100，画半椭圆圆弧，单 Z 轴方向不进行螺旋

程序运行结果如图 6-11 所示。

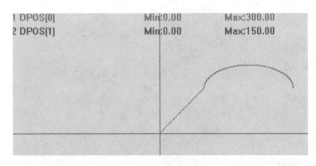

图 6-11　使用椭圆指令（Z 轴不螺旋）的运行轨迹曲线

6. 椭圆（绝对）指令——MECLIPSEABS

指令类型：多轴运动指令

指令描述：该指令含义为椭圆插补，中心画弧，绝对运动，可选螺旋。BASE 参数第一轴和第二轴进行椭圆插补，绝对移动方式，可选第三个轴同步螺旋。可以完成椭圆轨迹。

指令语法：MECLIPSEABS(end1,end2,centre1,centre2,direction,adis,bdis[,end3])

其中，end1 为第一个轴的终点运动坐标；end2 为第二个轴的终点运动坐标；centre1 为第一个轴的中心点运动坐标；centre2 为第二个轴的中心点运动坐标；direction 值为 0 时代表逆时针运动，值为 1 时代表顺时针运动。adis 为第一轴的椭圆半径，半长轴或者半短轴都可以；bdis 为第二轴的椭圆半径，半长轴或者半短轴都可以，如果 adis 和 bdis 值大小相等，则自动为圆弧或螺旋；end3 为第三个轴的运动距离，该参数只在需要螺旋时填入。

指令举例：

BASE(0,1,2)	'选择 0 号轴、1 号轴和 2 号轴
ATYPE=1,1,1	'设为脉冲轴类型
UNITS=100,100,100	'0 号轴、1 号轴和 2 号轴脉冲当量设置
DPOS=0,0,0	'设置 0 号轴、1 号轴和 2 号轴指令位置为 0
SPEED=100,100,100	'设置主轴速度为 100units/s
ACCEL=1000,1000,1000	'设置主轴加速度为 1000units/s^2
DECEL=1000,1000,1000	'设置主轴减速度为 1000units/s^2
TRIGGER	'自动触发示波器
MOVE(100,100)	'0 号轴和 1 号轴相对运动距离 100units
MECLIPSEABS(300,100,200,100,1,100,50)	'中心(200,100)，终点(300,100)，椭圆半短轴 50，半长轴 100，画半椭圆圆弧，单 Z 轴方向不进行螺旋

程序运行结果如图 6-12 所示。

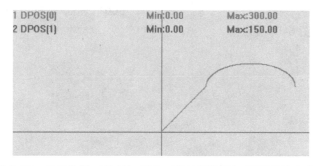

图 6-12　使用椭圆（绝对）指令（Z 轴不螺旋）的运行轨迹曲线

7. 空间圆弧指令——MSPHERICAL

指令类型：多轴运动指令

指令描述：该指令含义为空间圆弧插补运动，相对移动方式，可选螺旋。

指令语法：MSPHERICAL(end1,end2,end3,centre1,centre2,centre3,mode[,distance4][,distance5])

其中，end1 为第 1 个轴运动距离参数 1；end2 为第 2 个轴运动距离参数 1；end3 为第 3 个轴运动距离参数 1；centre1 为第 1 个轴运动距离参数 2；centre2 为第 2 个轴运动距离参数 2；centre3 为第 3 个轴运动距离参数 2；mode 为指定前面参数的意义，指定前序参数意义表见表 6-1；distance4 为第四轴螺旋的功能，指定第 4 轴的相对距离，此轴不参与速度计算；distance5 为第五轴螺旋的功能，指定第 5 轴的相对距离，此轴不参与速度计算。

表 6-1　MODE 参数值指定前序参数意义表

值	参数描述
0	当前点,中间点,终点三点定圆弧;距离参数 1 为终点距离,距离参数 2 为中间点距离
1	当前点,圆心,终点定圆弧,走最短的圆弧;距离参数 1 为终点距离,距离参数 2 为圆心距离
2	当前点,中间点,终点三点定圆;距离参数 1 为终点距离,距离参数 2 为中间点距离
3	当前点,圆心,终点定圆;先走最短的圆弧,再继续走完整圆;距离参数 1 为终点距离,距离参数 2 为圆心距离

指令举例:

BASE(0,1,2)	'选择 0 号轴、1 号轴和 2 号轴
ATYPE = 1,1,1	'设为脉冲轴类型
UNITS = 100,100,100	'0 号轴、1 号轴和 2 号轴脉冲当量设置
DPOS = 0,0,0	'设置 0 号轴、1 号轴和 2 号轴指令位置为 0
SPEED = 100,100,100	'设置主轴速度为 100units/s
ACCEL = 1000,1000,1000	'设置主轴加速度为 1000units/s^2
DECEL = 1000,1000,1000	'设置主轴减速度为 1000units/s^2
MSPHERICAL(120,160,400,240,320,300,0)	'终点(120,160,400),中间点(240,320,300),模式为 0,三点画弧

程序运行结果如图 6-13 所示。

上述程序主体不变,mode 值设置为 2 时,最后一行程序变化为如下形式:

MSPHERICAL(120,160,400,240,320,300,2)　'终点(120,160,400),中间点(240,320,300),模式 2,三点画圆

程序运行结果如图 6-14 所示。

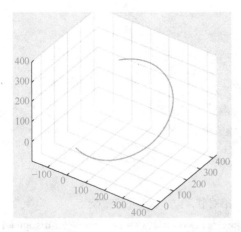

图 6-13　使用空间圆弧指令（mode = 0）的运行轨迹曲线

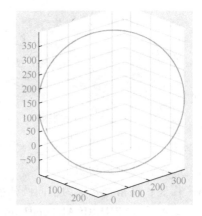

图 6-14　使用空间圆弧指令（mode = 2）的运行轨迹曲线

8. 渐开线圆弧指令——MOVESPIRAL

指令类型: 多轴运动指令

指令描述: 该指令含义为渐开线圆弧插补运动,相对移动方式,可选螺旋。当前点和圆心距离确定起始半径,当起始半径为 0 时角度无法确定,直接从 0 开始。

指令语法: MOVESPIRAL(centre1,centre2,circles,pitch[,distance3][,distance4])

式中, centre1 为圆心的第 1 轴相对距离; centre2 为圆心的第 2 轴相对距离; circles 为要旋转的圈数, 可以为小数, 负数表示顺时针, 每圈终点位置为起点和圆心连线上的一点; pitch 为每圈的扩散距离, 可以为负; distance3 为第 3 轴螺旋的功能, 指定第 3 轴的相对距离, 此轴不参与速度计算; distance4 为第 4 轴螺旋的功能, 指定第 4 轴的相对距离, 此轴不参与速度计算。

指令举例:

BASE(0,1,2)	'选择 0 号轴、1 号轴和 2 号轴
ATYPE = 1,1,1	'设为脉冲轴类型
UNITS = 100,100,100	'0 号轴、1 号轴和 2 号轴脉冲当量设置
DPOS = 0,0,0	'设置 0 号轴、1 号轴和 2 号轴指令位置为 0
SPEED = 100,100,100	'设置主轴速度为 100units/s
ACCEL = 1000,1000,1000	'设置主轴加速度为 1000units/s^2
DECEL = 1000,1000,1000	'设置主轴减速度为 1000units/s^2
TRIGGER	'自动触发示波器
MOVESPIRAL(0,0,2.5,30)	'以起始位置为中心, 逆时针旋转 2.5 圈, 每圈扩散 30units

程序运行结果如图 6-15 所示。

当起始半径不为零, 且不启用螺旋时, 则上述程序最后一行变为:

MOVESPIRAL(100,100,2.5,30)   '起始半径 100, 以(100,100)为圆心, 逆时针旋转 2.5 圈, 每圈向外扩散 30

程序运行结果如图 6-16 所示。

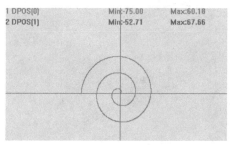

图 6-15 使用渐开线指令的运行
轨迹曲线 (起始半径为 0)

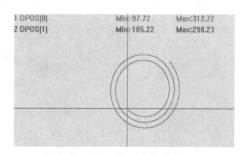

图 6-16 使用渐开线指令的运行
轨迹曲线 (起始半径不为 0)

6.3 多伺服空间插补运动程序仿真测试

下面对应用案例进行分析、编程, 并通过仿真观察程序的运行情况和控制效果。

例 1 使用三轴加工设备完成一条空间椭圆螺旋线轨迹的运行, 具体要求为: X 轴和 Y 轴电动机在平面上完成椭圆轨迹的运行, 椭圆中心坐标为 (100,0), 起始点坐标为 (0,0), 椭圆 Y 轴方向为短轴半径为 50, X 轴方向为长轴, 半径为 100, Z 轴为垂直螺旋方向, 运行距离为 200, 上述数据单位均为 units。X、Y、Z 三轴的脉冲当量全部设置为 100, 主轴运行速度为 100units/s，加减速度为 1000units/s^2。

按照题目要求，起始点坐标为（0,0），在平面上曲线应该是闭合的，所以椭圆曲线终点也应该是（0,0）；选用椭圆指令 MECLIPSE 完成上述控制要求的程序编写，程序为：

```
BASE(0,1,2)                      '选择 0 号轴、1 号轴和 2 号轴
ATYPE=1,1,1                      '设为脉冲轴类型
UNITS=100,100,100                '0 号轴、1 号轴和 2 号轴脉冲当量设置
DPOS=0,0,0                       '设置 0 号轴、1 号轴和 2 号轴指令位置为 0
SPEED=100,100,100                '设置主轴速度为 100units/s
ACCEL=1000,1000,1000             '设置主轴加速度为 1000units/s²
DECEL=1000,1000,1000             '设置主轴减速度为 1000units/s²
MECLIPSE(0,0,100,0,1,100,50,200) '中心(100,0),终点(0,0),半短轴 50,半长轴
                                  100,XY 平面画整椭圆,同时 Z 轴方向螺旋运
                                  动,运动距离 200
```

程序运行结果如图 6-17、图 6-18 所示。

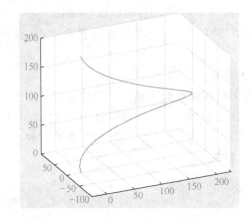

图 6-17　使用椭圆指令的空间轨迹曲线

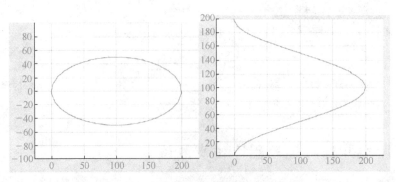

图 6-18　在基准平面上的运行轨迹曲线

例 2　已知空间三点坐标为 $A(0,0,0)$、$B(120,160,400)$、$C(120,160,150)$，现在以 C 点为圆心，从 A 点出发画一条弧线到达 B 点，要求圆弧最短。假设空间坐标系各坐标轴单位均为 units。轨迹曲线由 0 号、1 号和 2 号轴插补完成，三轴的脉冲当量全部设置为 100，

主轴运行速度为 100units/s，加减速度为 1000units/s^2。请按照工艺要求完成控制程序的编写。

按照题目要求，需要的轨迹曲线起始点 A 位于空间坐标系原点，从 B 点坐标和 C 点坐标不难得出圆弧曲线所在圆的半径为 400units − 150units = 250units，使用空间圆弧指令 MSPHERICAL，因为需要弧线最短，因此模式选择为 1，按照控制要求编写程序，程序为：

```
BASE(0,1,2)                              '选择 0 号轴、1 号轴和 2 号轴
ATYPE = 1,1,1                            '设为脉冲轴类型
UNITS = 100,100,100                      '0 号轴、1 号轴和 2 号轴脉冲当量设置
DPOS = 0,0,0                             '设置 0 号轴、1 号轴和 2 号轴指令位置为 0
SPEED = 100,100,100                      '设置主轴速度为 100units/s
ACCEL = 1000,1000,1000                   '设置主轴加速度为 1000units/s²
DECEL = 1000,1000,1000                   '设置主轴减速度为 1000units/s²
MSPHERICAL(120,160,400,120,160,150,1)    '终点(120,160,400)，圆心(120,160,150)，
                                          模式选择为 1，走最短的圆弧
```

上述控制程序的轨迹曲线如图 6-19 所示。如果将模式选择为 3，那么程序最后一行变为：MSPHERICAL(120,160,400,120,160,150,3)，得到的运行轨迹曲线如图 6-20 所示，曲线先走最短的圆弧（红色部分），再走完整个圆。

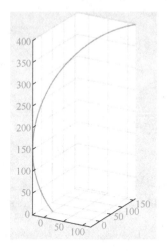

图 6-19　使用空间圆弧指令
（模式 1）的运行轨迹曲线

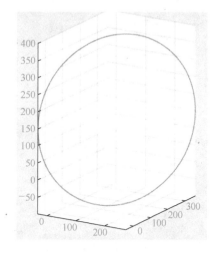

图 6-20　使用空间圆弧指令
（模式 3）的运行轨迹曲线

思考与练习题

1. 什么叫空间插补？空间插补有哪几种常见的形式？
2. 简述圆弧插补基本流程。
3. 常用的空间插补指令有哪些？
4. 简述空间圆弧指令与三点螺旋指令的差别。

5. 按照控制工艺要求，使用三轴加工设备，完成一条空间椭圆螺旋线轨迹的运行，具体要求为：X 轴和 Y 轴电动机在平面上完成椭圆轨迹的运行，椭圆中心坐标为（200,100），起始点坐标为（200,0），椭圆 X 轴为短轴，半径为 50，Y 轴为长轴，半径为 100，Z 轴为垂直螺旋方向，运行距离为 100，上述数据单位均为 units。X,Y,Z 三轴的脉冲当量全部设置为 100，主轴运行速度为 100units/s，加减速度为 1000units/s^2。按照工艺要求完成控制程序编写与仿真。

6. 按照控制工艺要求，使用三轴加工设备，完成一条空间渐开线圆弧轨迹的运行，具体要求为：渐开线圆心位置为（100,100），渐开线旋转的圈数为 2.5 圈，逆时针旋转，每圈向外扩散的距离为 30，同时在垂直方向进行螺旋运动，运动距离为 100，上述数据单位均为 units。三轴的脉冲当量全部设置为 100，主轴运行速度为 100units/s，加减速度为 1000units/s^2。按照工艺要求完成控制程序编写与仿真。

第7章 工业机器人结构和运动控制

7.1 工业机器人系统硬件组成

一般情况下，工业机器人系统由操作机、控制器、示教器三个基本部分组成，如图7-1所示。操作机（或称机器人本体）是工业机器人的机械主体，完成各种作业的执行机构。它主要由机械臂、驱动装置、传动单元及内部传感器等部分组成。控制器是根据指令以及传感信息控制机器人完成一定动作或作业任务的装置，是决定机器人功能和性能的主要因素，也是机器人系统中更新和发展最快的部分，基本功能有示教功能、记忆功能、位置伺服功能、坐标设定功能、与外围设备联系功能、传感器接口、故障诊断安全保护功能等。示教器是机器人的人机交互装置，通过示教器可以操纵机器人并对其进行示教编程。工业机器人的主要技术参数应包括以下几种：自由度、定位精度、工作范围、最大工作速度和承载能力等。

1. 操作机

操作机主要由机械臂、驱动装置、传动单元及内部传感器等部分组成。机械臂内部通常包括驱动装置、传动部件、传感器等装置部件。为适应不同的用途，机器人操作机最后一个轴的机械接口通常为连接法兰，可安装不同的机械操作装置，习惯上称为末端执行器，如夹紧爪、吸盘、焊枪等。

（1）机械臂　关节型工业机器人的机械臂是由关节连在一起的许多机械连杆的集合体。它本质上是一个拟人手臂的空间开链式机构，一端固定在基座上，另一端可自由运动。关节通常是移动关节和旋转关节。移动关节允许连杆作直线移动，旋转关节仅允许连杆之间发生旋转运动。机械臂大体可分为基座、腰部、手臂和手腕4个部分。图7-2所示为关节型工业

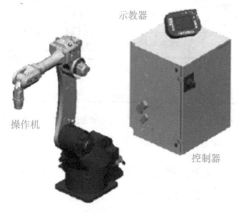

图7-1　工业机器人的系统组成

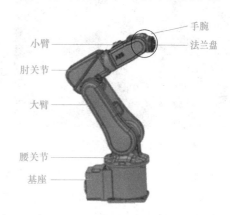

图7-2　关节型工业机器人操作机机械臂的基本构造

机器人操作机机械臂的基本构造图。

1）基座。基座是机器人的基础部分，起支撑作用。整个执行机构和驱动装置都安装在基座上。对于固定式机器人，基座直接连接在地面基础上；对于移动式机器人，基座则安装在移动机构上，可以分为有轨和无轨两种。

2）腰部。腰部是机器人手臂的支撑部分。根据执行机构坐标系的不同，腰部可以在基座上转动，也可以和基座制成一体。有时腰部也可以通过导杆或导槽在基座上移动，从而增大空间。

3）手臂。手臂是连接机身和手腕的部分，由操作机的动力关节和连接杆件组成。它是执行机构中的主要运动部件，主要用于改变手腕和末端执行器的空间位置，满足机器人的作业空间并将各种载荷传递到基座。

4）手腕。手腕是连接末端执行器和手臂的部分，将作业载荷传递到手臂，主要用于改变末端执行器的空间姿态。

（2）末端执行器　末端执行器在操作机手腕的前端，它是操作机直接执行工作的装置。末端执行器因用途不同，结构各异，一般分为三大类：机械夹持器、吸附执行器（真空吸附手）、万能手或灵巧手。

1）机械夹持器。机械夹持器是工业机器人中最常用的一种末端执行器，如图7-3所示，它具备的功能是：

① 具有夹紧和松开的功能，夹持器夹紧工件时有一定的力约束和形状约束，以保证被夹持工件在移动、停留和装入过程中不改变姿态，需要松开时则应迅速完全松开。

② 保证工件夹持姿态再现时几何偏差在给定的公差带内。

2）真空吸附。真空吸附手结构简单、价廉，常用于小件搬运。它可以根据工件形状、尺寸和重量的不同将多个吸附器组合使用。工业机器人中常把它与负压发生器装置组合成一个系统，通过控制电磁阀的开合实现工件的吸附和脱开作业。

由于吸附手的特殊结构形式，加上采用橡胶制造，使得吸附作业具有一定的柔顺性，这样即使工件有一定的尺寸偏差和位置偏差也能被吸附和脱开，真空吸附手的柔顺性如图7-4所示。图7-5所示为工业生产中常见的一种抓手，主要用来吸附玻璃。

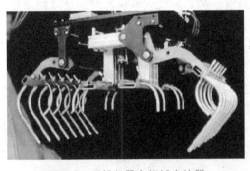

图7-3　码垛机器人机械夹持器

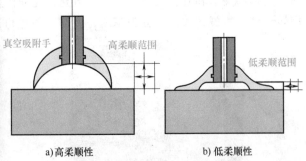

a) 高柔顺性　　　　　　b) 低柔顺性

图7-4　真空吸附手的柔顺性

3）灵巧手。简单的两指单自由度夹持器不能适应物体外形的变化，也不能对物体施加任意方向的微小位移进行细微调整，更不能控制夹持器在抓取物体时的夹持内力，因而无法满足对任意形状、不同材质物体的操作、抓持要求。采用多指多关节的灵巧手是解决上述问题的主要途径，因此近年来国内外对灵巧手的研究十分重视，图 7-6 所示为一种常见的灵巧手。

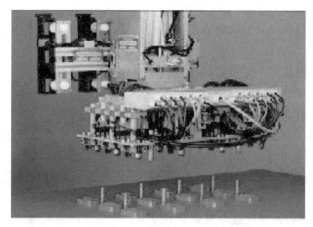

图 7-5　玻璃抓取真空吸附手

图 7-6　灵巧手

（3）工业机器人的驱动系统　工业机器人常用的驱动方式有液压驱动、气压驱动和电气驱动三种基本类型。在工业机器人出现初期，由于其机械系统多采用杆机构中的曲柄机构、导杆机构、定滑块等，所以使用液压驱动和气压驱动方式较多。随着对机器人作业高速化、高精度的要求，电气驱动目前在机器人驱动中占主导地位。

1）液压驱动的特点。液压驱动使用的压力为 50~1400N，多用于要求输出力较大的工业机器人中，与另外两种驱动方式相比具有如下优点：

① 驱动力（或驱动力矩）大，即功率大。

② 可以把工作液压缸直接作为关节的一部分，因此结构紧凑，刚性好。

③ 由于液体的不可压缩性，其定位精度比气压驱动高，并可实现任意位置的停止。

④ 液压驱动调速比较简单，能在很大的调整范围内实现无级调速。

⑤ 液压驱动平稳且系统的固有频率较高，可以实现频繁而平稳的变速和换向。

⑥ 使用安全阀可简单而有效地防止过载现象发生。

⑦ 有良好的润滑性能，寿命长。

液压驱动的主要缺点有：

① 低驱动条件下比气压驱动速度低。

② 油液容易泄露，不仅影响工作的可靠性与定位精度，还会造成环境污染。

③ 油液在高温、低温下流动性不好，所以使用时需要控制油液温度。

④ 油液中混入气泡、水分等，使系统的刚性变低，速度响应特性及定位精度降低。

⑤ 需配备液压站及复杂的管路，成本较高。

⑥ 易燃烧。

2）气压驱动的特点。气压驱动在工业机器人中用的较多，使用的压力通常为 40~60N，最高可达 100N。多用于输出力小于 300N 但要求速度高的驱动中，适于在易燃、易爆和灰尘大的场合工作。气压驱动的主要优点是：

① 快速性好。这是因为压缩空气的黏性小，流速大，一般压缩空气在管路中的流速可达 180m/s，而油液在管路中的流速仅为 2.5~4.5m/s。

② 气源方便。一般工厂都有压缩空气站供应压缩空气。

③ 废气可直接排入大气而不会造成环境污染，比液压驱动干净。

④ 通过调节气量可以实现无级变速。

⑤ 由于空气的可压缩性，气压驱动系统具有缓解作用，结构简单，易于保养，成本低。

气压驱动的主要缺点是：

① 由于工作压力偏低，所以功率重量比小，装置体积大。

② 基于气体的压缩性，气压驱动很难保证较高的定位精度。

③ 使用后的压缩空气向大气排放时会产生噪声。

④ 因压缩空气含有冷凝水，使得气压系统易锈蚀。在低温下由于冷凝水结冰，有可能造成动作困难。

3）电气驱动的特点。电气驱动是利用各种电动机产生的力矩和力直接或经过机械传动机构去驱动执行机构，以获得机器人的各种运动。电气驱动大致可分为普通电动机驱动、交流伺服电动机驱动、直流伺服电动机驱动、步进电动机驱动等。常见的工业机器人驱动电动机如图 7-7 所示。

a) 交流伺服电动机　　　　　　　　b) 直流伺服电动机　　　　　　　c) 步进电动机

图 7-7　工业机器人驱动系统中的电动机

① 普通电动机驱动。在一些定位精度要求不高的机器人中，有时采用交流异步电动机或直流电动机进行驱动。需要调速时，交流电动机可以采用 VVVF 或 PWM 变频调速；但是普通电动机转子的转动惯量较大，反应灵敏度不如同功率的液压马达及交直流伺服电动机高。

② 直流伺服电动机驱动。直流伺服电动机分有刷和无刷两种，其优点是因转子惯量小，其动态特性好。它扭力输出大，效率高，起动力矩大，速度可以任意选择，电枢和磁场都可以控制，可以在很宽的速度范围内保持高的效率。有刷直流伺服电动机的缺点是因电刷机械接触点的摩擦产生电火花，在易燃介质下容易引起事故，并且电刷的摩擦磨损带来了维护和寿命的问题，重量体积比同等功率的交流伺服电动机大。无刷直流电动机没有上述缺点，它采用电子换相技术来控制换相。

③ 交流伺服电动机驱动。其优点是除轴承外无机械接触点，故没有有刷直流伺服电动机因电刷接触造成电火花故障的缺点，适合应用于有易燃介质的环境中，例如在喷漆机器人中的应用。此外交流伺服电动机坚固，维护方便，比较容易控制，回路绝缘简单，漂移小。其缺点是与直流伺服电动机相比，其效率低，平衡时励磁线圈有电力消耗。

④ 步进电动机驱动。步进电动机又称脉冲电动机，是数字控制系统中常用的一种执行

元件，它能将脉冲电信号变换成相应的角位移或直线位移，电动机转动的步数与脉冲数成对应关系。在电动机的负载能力内，此关系不受电源电压负载大小环境条件波动的影响，因此步进电动机可以在很宽的范围内通过改变脉冲频率来调整，能快速起动、反转与制动。步进电动机的脉冲速度增高，相应输出力矩减小，因而在大负载场合要采用功率型电动机。

步进电动机一般采用开环控制，因此结构简单，位置与速度容易控制，响应速度快，力矩比较大，可以直接用数字信号控制，但是由于步进电动机控制系统大多采用全开环控制方式，没有误差校正能力，其精度较低，负载过大或振动冲击较大时会造成失步，精度难以保证。

（4）传动单元　驱动装置的受控运动必须通过传动单元带动机械臂，以精确保证末端执行器所要求的位置、姿态并实现其运动。目前工业机器人广泛采用的机械传动单元是减速器，与通用减速器相比，机器人关节减速器要求具有传动链短、体积小、功率大、重量轻和易于控制等特点。精密减速器使机器人伺服电动机在一个合适的速度下运转，并精确地将转速调整到工业机器人各部位需要的速度。目前大量应用在关节型机器人上的减速器主要有两类：RV 减速器和谐波减速器。一般将 RV 减速器放置在基座、腰部、大臂等重负载的位置（主要用于 20kg 以上的机器人关节）；将谐波减速器放置在小臂、腕部或手部等轻负载的位置（主要用于 20kg 以下的机器人关节）。此外，机器人还采用齿轮传动、链条（带）传动、直线运动单元等，工业机器人的关节传动单元如图 7-8 所示。

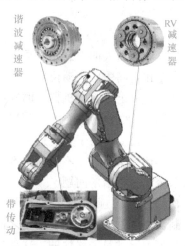

图 7-8　工业机器人的关节传动单元

2. 控制器

操作机是工业机器人的肢体，控制器是工业机器人的大脑和心脏。机器人控制器是根据指令以及传感信息控制机器人完成一定动作或作业任务的装置，是决定机器人功能和性能的主要因素，也是机器人系统中发展和更新最快的部分。它通过各种控制电路中的硬件和软件的结合来操纵机器人，并协调机器人与周边设备的关系。

控制器的基本功能有：示教功能、记忆功能、位置伺服功能、坐标设定功能、与外围设备联系功能、传感器接口、故障诊断安全保护功能等。

依据控制系统的开放程度，机器人控制器分 3 类：封闭型、开放型和混合型。目前基本都是封闭型系统（如日系机器人）或混合型系统（如欧系机器人）。

按计算机结构、控制方式和控制算法的处理方法，机器人控制器又可分为集中式控制和分布式控制两种方式。

（1）集中式控制器

1）优点。硬件成本较低，便于信息的采集和分析，易于实现系统的最优控制，整体性与协调性较好，基于 PC 的系统硬件扩展较为方便。

2）缺点。系统控制缺乏灵活性，控制危险容易集中，一旦出现故障，其影响面广，后果严重；数据计算量大时，会降低系统实时性，系统对多任务的响应能力也会与系统的实时性冲突；系统连线复杂，会降低系统的可靠性。

（2）分布式控制器　主要思想为"分散控制，集中管理"，为一个开放、实时、精确的机器人控制系统。分布式系统中常采用两级控制方式，由上位机和下位机组成。其优点是系统灵活性好，控制系统的危险性低，采用多处理器的分散控制，有利于系统功能的并行执行，提高系统的处理效率，缩短响应时间。

3. 示教器

示教器又称示教编程器，主要由液晶屏和操作按键组成，可由操作者手持移动。它是机器人的人机交互接口，机器人的所有操作基本上都通过它来完成。示教器实质上是一个专用的智能终端。

7.2　工业机器人控制系统

工业机器人的控制系统是工业机器人的核心系统，控制系统的主要作用是控制工业机器人在工作空间中的运动位置、姿态、轨迹、操作顺序以及动作时间等。由于上述控制任务的复杂性，决定了工业机器人的控制系统必须具有如下性质：

1）在实际的应用中需要控制工业机器人的臂、腕及末端执行器等在工作空间中做出准确无误的位姿。为了实现这一控制目的，我们不仅需要在不同的坐标系中描述工业机器人的位姿，还要求可以在不同的基准坐标系中进行坐标变换。这就涉及工业机器人的机构运动学和系统动力学求解问题。

2）因为工业机器人往往具有多个自由度，在控制工业机器人状态和运动的过程中需要控制多个变量单数，这些变量之间通常都存在耦合关系。同时描述工业机器人状态和运动的数学模型通常是非线性的，这就决定了一般情况下工业机器人的控制系统是多变量的非线性系统。

3）工业机器人的任何位姿到达都不是唯一的运行方式和运行路径，因此在求解控制系统参数时必须考虑到最优解的问题。

1. 工业机器人控制系统原理

使用工业机器人完成工作任务时，一般需要机器人控制系统完成四个过程：

（1）示教过程　一般使用示教器等装置控制工业机器人完成指定动作。

（2）计算与控制过程　获取并处理工业机器人的运动信息，指定控制策略，规划运行轨迹，这部分是机器人控制的核心。

（3）伺服驱动过程　根据控制算法驱动工业机器人的关节伺服电动机，实现工业机器人的精确控制，完成作业任务。

（4）传感与检测过程　检测工业机器人的各种姿态信息，检测机器人的运行情况。

工业机器人控制系统的基本要求包括：

（1）记忆功能　工业机器人的控制系统应当能够存储作业顺序、运动路径、运动方式、运动速度以及与生产工艺相关的信息。

（2）示教功能　工业机器人的控制系统应当能够离线编程、在线示教、间接示教。

（3）通信联系功能　工业机器人的控制系统应具有输入和输出接口、通信接口、网络接口、同步接口。

（4）坐标设置功能　工业机器人的控制系统应具有多种坐标系。

（5）人机交互功能　工业机器人的控制系统应配备示教盒、操作面板和显示屏等设备。

（6）传感器接入功能　工业机器人的控制系统应具有位置检测、视觉、触觉、力反馈等功能。

（7）伺服功能　工业机器人的控制系统应具有多轴联动、运动控制、速度和加速度控制、动态补偿等功能。

（8）故障诊断和安全功能　工业机器人的控制系统应具有运行时系统状态监视、故障状态下的安全保护和故障的自诊断功能。

2. 工业机器人控制系统的特点

工业机器人的控制系统具有如下特点：

1）工业机器人控制系统侧重机器人本身与操作对象的相互关系。

2）工业机器人控制系统在本质上是一个非线性系统。

3）工业机器人通常是由多关节组成的一种结构体系，每一个关节都会受其他关节运动所产生扰动的影响。

4）工业机器人控制系统是一个时变系统，其动力学参数会随着机器人关节运动位置的变化而变化。

7.3　工业机器人技术指标

工业机器人在现代工业生产中占有越来越重要的地位，通过机器人代替人工劳动力可以大幅降低劳动成本，提升产品生产效率和产品质量。根据不同的行业和不同的任务需求，选择工业机器人的侧重点也有所不同，但主要考虑工业机器人的核心参数基本一致，包括自由度、控制精度、工作范围、最大工作速度、承载能力和分辨率。

1. 自由度

自由度是指能够对坐标系进行独立运动的数目，末端执行器的动作不包括在内。通常作为机器人的技术指标，反映机器人动作的灵活性，可用轴的直线移动、摆动或旋转动作的数目来表示。在工业机器人系统中，一个自由度至少需要一个电动机驱动，而在三维空间中描述一个物体的位置和姿态则需要 6 个自由度。在实际应用中，工业机器人的自由度是根据其用途而设计的，可能小于 6 个自由度，也可能大于 6 个自由度。目前，焊接和涂装作业机器人多为 6 或 7 个自由度，而搬运、码垛和装配机器人多为 4~6 个自由度。

2. 控制精度

工业机器人的控制精度包括定位精度和重复定位精度两个指标。定位精度是指机器人手部实际到达位置与目标位置之间的差异，用反复多次测试的定位结果的代表点与指定位置之间的距离来表示；重复定位精度是指机器人重复定位手部于同一目标位置的能力，以实际位置值的分散程度来表示，实际应用中常以重复测试结果的标准偏差值的 3 倍来表示，它是衡量一系列误差值的密集度。工业机器人具有绝对精度低、重复精度高的特点。工业机器人的绝对精度要比重复定位精度低 1~2 个数量级，原因是机器人控制系统根据机器人的运动学模型来确定机器人末端执行器的位置，而理论上的模型与实际机器人的物理模型存在一定偏差。目前，工业机器人的重复精度可达 ±0.01~0.5mm。依据作业任务和末端持重不同，机器人重复精度也不同，工业机器人典型应用行业的工作精度见表 7-1。

表 7-1　工业机器人典型应用行业的工作精度

作业任务	额定负载/kg	重复定位精度/mm
搬运	5～200	±(0.2～0.5)
码垛	50～800	±0.5
点焊	50～350	±(0.2～0.3)
弧焊	3～20	±(0.08～0.1)
喷涂	5～20	±(0.2～0.5)
装配	2～5	±(0.02～0.03)
	6～10	±(0.06～0.08)
	10～20	±(0.06～0.1)

3. 工作范围

工作范围是指机器人手臂末端或手腕中心所能达到的所有区域点的集合，又称工作区域。因为末端操作器的形状和尺寸是多种多样的，所以为了真实反映机器人的特征参数，一般工作范围是指不安装末端操作器的工作区域。工作范围的形状和大小对工业机器人来说是十分重要的指标，机器人在执行某作业时，可能会因为存在手部不能到达的作业死区而不能完成任务，所以在选择工业机器人时，需要重点考虑机器人的工作范围与任务工件之间的匹配关系。图 7-9 所示为 ABB 工业机器人 IRB120 的工作范围。

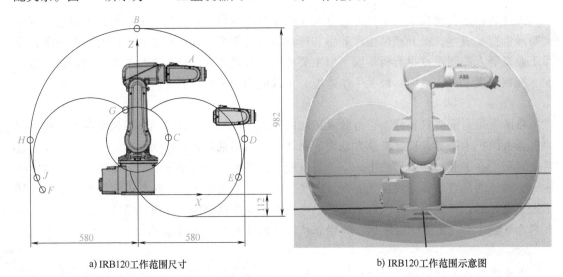

a) IRB120工作范围尺寸　　　b) IRB120工作范围示意图

图 7-9　IRB120 的工作范围

4. 最大工作速度

速度是指机器人在工作载荷条件下、匀速运动过程中，机械接口中心或工具中心点在单位时间内移动的距离或转动的角度。确定机器人手臂的最大行程后，根据循环时间安排每个动作的时间，并确定各动作同时进行或顺序进行，就可以确定各动作的运动速度。分配动作时间除了要考虑工艺动作要求外，还要考虑惯性和行程、驱动和控制方式、定位和精度要求。

对于工业机器人的最大工作速度，有的厂家是指自由度上最大的稳定速度，有的厂家则是指手臂末端最大合成速度，通常技术参数中都有说明。工作速度越高，工作效率就越高。

为了提高生产效率，要求缩短整个运动循环时间。运动循环包括加速起动、等速运行和减速制动三个过程。加速度和减速度过大都会使惯性力加大，影响动作的平稳和精度。为了保证定位精度，加速及减速过程往往占用较长时间。

5. 承载能力

工业机器人的承载能力是指工业机器人在工作范围内任何位置所能承受的最大重量。承载能力不仅取决于负载的重量，还与机器人运行的速度、加速度的大小和方向有关。为了安全起见，承载能力这一技术指标是指高速运行时的承载能力。工业机器人的承载能力不仅指负载，还包括机器人末端操作器的质量，即除机器人本体之外加载在机器人法兰上的质量。

6. 分辨率

分辨率指机器人每根轴能够实现的最小移动距离或最小转动角度。控制精度和分辨率不一定相关，一台设备的运动精度是指所设定的运动位置与该设备执行此命令后能够达到的运动位置之间的差距。分辨率则反映了实际需要的运动位置和命令所能设定的位置之间的差距。

7.4　工业机器人的运动控制

机器人的动态性能不仅与运动学相对位置有关，还与机器人的结构形式、质量分布、执行机构的位置、传动装置等因素有关。机器人动态性能由动力学方程描述。考虑上述因素，动力学是研究机器人运动与关节力（力矩）间的动态关系。描述这种动态关系的微分方程称为机器人动力学方程。机器人动力学要解决两类问题：动力学正问题和逆问题。

（1）动力学正问题　根据关节驱动力矩或力计算机器人的运动（关节位移、速度和加速度）。

（2）动力学逆问题　已知轨迹对应的关节位移、速度和加速度，求出所需的关节力矩或力。

不考虑机电控制装置的惯性、摩擦、间隙、饱和等因素时，n 个自由度机器人动力方程为 n 个二阶耦合非线性微分方程。方程中包括惯性力/力矩、哥氏力/力矩、离心力/力矩及重力/力矩，是一个耦合的非线性多输入多输出系统。研究机器人动力学的方法很多，主要有拉格朗日（Lagrange）、牛顿-欧拉（Newton-Euler）、高斯（Gauss）、凯恩（Kane）、旋量对偶数等。

离线编程时，为了估计机器人因高速运动引起的动载荷和路径偏差，要进行路径控制仿真和动态模型仿真，这些都需要以机器人动力学模型为基础。机器人静力学研究机器人静止或者缓慢运动时作用在手臂上的力和力矩问题，特别是当手端与外界环境有接触力时，各关节力矩与接触力的关系。

1. 机器人正运动学

基于正运动学，利用关节的角度信息我们可以知道当前机器人的末端位置与姿态。要实现这一目标，重点是要建立机器人连杆坐标系，把机器人关节变量作为自变量，建立机器人正运动学模型，从而描述机器人末端执行器的位置和姿态与机器人基座之间的运行关系。

（1）坐标系的建立方法　机器人可看作是由若干连杆通过机械关节串联而成的运动链。连杆能保持其两端的关节轴线具有固定的几何关系，连杆特征由 a_{i-1} 和 α_{i-1} 两个参数进行描述。如图 7-10 所示，a_{i-1} 称为连杆长度，表示轴 i-1 和轴 i 公垂线的长度。α_{i-1} 称为连杆转角，表示轴 i-1 和轴 i 在垂直于 a_{i-1} 的平面内夹角。

相邻两个连杆 i-1 和 i 之间有一个公共的关节轴 i，连杆连接由 d_i 和 θ_i 两个参数进行描述。d_i 称为连杆偏距，表示公垂线 a_{i-1} 和公垂线 a_i 沿公共轴线关节轴 i 方向的距离。θ_i 称为关节角，表示公垂线 a_{i-1} 的延长线和公垂线 a_i 绕公共轴线关节轴 i 旋转的夹角。当关节为移动关节时，d_i 为关节变量。当关节为转动关节时，θ_i 为关节变量。

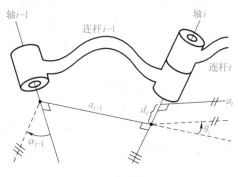

图 7-10 连杆参数示意图

机器人的连杆均可以用以上四个参数 a_{i-1}、α_{i-1}、d_i、θ_i 进行描述。对于一个确定的机器人关节，运动时只有关节变量的值发生变化，其他三个连杆参数均保持不变。用 a_{i-1}、α_{i-1}、d_i、θ_i 来描述连杆之间运动关系的规则称为 Denavit-Hartenberg 参数，简称 D-H 参数。

为了研究机器人连杆之间的位置关系，首先需要在机器人的每个连杆上建立连杆坐标系，然后描述这些连杆坐标系之间的关系。通常从机器人的固定基座开始对连杆进行编号，固定基座可记为连杆 0，第一个可动连杆为连杆 1，以此类推，机器人末端的连杆为连杆 n。相应地，与连杆 n 固连的坐标系记为坐标系 $\{N\}$。

（2）坐标系的建立步骤

1）找出各关节轴并标出这些轴线的延长线。在下面的步骤 2~5 中，仅考虑两个相邻的轴线（关节轴 i 和 i+1）。

2）找出关节轴 i 和 i+1 间的公垂线或关节轴 i 和 i+1 的交点，以关节轴 i 和 i+1 的交点或者公垂线与关节轴 i 的交点作为连杆坐标系 $\{i\}$ 的原点。

3）规定 Z_i 轴沿关节轴 i 的指向。

4）规定 X_i 轴沿公垂线从 i 到 i+1，如果关节轴 i 和 i+1 相交，则规定 X_i 轴垂直于关节轴 i 和 i+1 所在的平面。

5）按照右手定则确定 Y_i 轴。

6）当第一个关节变量为 0 时，规定坐标系 $\{0\}$ 和坐标系 $\{1\}$ 重合。对于坐标系 $\{N\}$，其原点和 X_n 的方向可以任意选取。但是选取时，通常尽量使连杆参数为 0。

按照上述步骤建立的坐标系如图 7-11 所示，连杆参数可以定义如下：

1）a_{i-1} 称为连杆长度，指的是沿 X_{i-1} 轴，从 Z_{i-1} 移动到 Z_i 的距离。

2）α_{i-1} 称为转角，指的是绕 X_{i-1} 轴，从 Z_{i-1} 旋转到 Z_i 的角度。

3）d_i 称为关节偏移，指的是沿 Z_i 轴，从 X_{i-1} 移动到 X_i 的距离。

4）θ_i 称为关节角，指的是绕 Z_i 轴，从 X_{i-1} 旋转到 X_i 的角度。

一般来说，由于 Z_i 轴和 X_i 轴的指向均有两种选择，所以按照上述方法建立的连杆坐标系不是唯一的，连杆坐标系如图 7-11 所示。

根据 D-H 参数和坐标系建立的步骤，可以通过以下步骤的运动，将一个参考坐标系变换到下一个参考坐标系。假设现在位于坐标系 $\{i$-1$\}$，那么通过以下四步标准运动即可达到坐标系 $\{i\}$。

1）将坐标系 $\{i$-1$\}$ 绕 X_{i-1} 轴旋转 α_{i-1} 角度，使 Z_{i-1} 轴和 Z_i 轴平行。

2）沿 $X_{i\text{-}1}$ 轴将坐标系 $\{i\text{-}1\}$ 平移 $a_{i\text{-}1}$ 距离，使得 $Z_{i\text{-}1}$ 轴和 Z_i 轴重合，这时两个参考坐标系的原点处于同一位置。

3）将坐标系 $\{i\text{-}1\}$ 绕 Z_i 轴旋转 θ_i 角度，使 $X_{i\text{-}1}$ 轴与 $\dot{X}_i$ 轴平行。

4）沿 Z_i 轴平移距离 d_i，使坐标系 $\{i\text{-}1\}$ 与坐标系 $\{i\}$ 完全重合。

以上每一步变换都可以写出一个齐次变换矩阵，由于变换是相对于动坐标系，所以将 4 个变换矩阵依次右乘可以得到坐标系 $\{i\}$ 相对于坐标系 $\{i\text{-}1\}$ 的齐次变换矩阵：

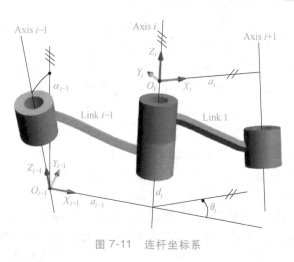

图 7-11 连杆坐标系

$$^{i\text{-}1}_iT = R_X(\alpha_{i\text{-}1})D_X(a_{i\text{-}1})R_Z(\theta_i)D_Z(d_i)$$

由矩阵连乘可以计算得到 $^{i\text{-}1}_iT$ 的一般表达式：

$$^{i\text{-}1}_iT = \begin{bmatrix} \cos\theta_i & -\sin\theta_i & 0 & a_{i\text{-}1} \\ \sin\theta_i\cos\alpha_{i\text{-}1} & \cos\theta_i\cos\alpha_{i\text{-}1} & -\sin\alpha_{i\text{-}1} & -\sin\alpha_{i\text{-}1}d_i \\ \sin\theta_i\sin\alpha_{i\text{-}1} & \cos\theta_i\sin\alpha_{i\text{-}1} & \cos\alpha_{i\text{-}1} & \cos\alpha_{i\text{-}1}d_i \\ 0 & 0 & 0 & 1 \end{bmatrix}$$

定义连杆坐标系和相应的连杆参数后，可以建立机器人的运动学方程。首先根据连杆参数得到各个连杆的变换矩阵，再把这些连杆变换矩阵连乘就可以计算出坐标系 $\{N\}$ 相对于坐标系 $\{0\}$ 的变换矩阵，即

$$^0_NT = {}^0_1T\,{}^1_2T\,{}^2_3T\cdots{}^{N\text{-}1}_NT$$

一般情况下，为了保证描述的规范性与通用性，会对各种坐标系进行统一的命名。如图 7-12 所示，机器人末端安装了特定的工具，需要将工具末端移动到指定位置。图 7-12 标注了以下 4 个坐标系。

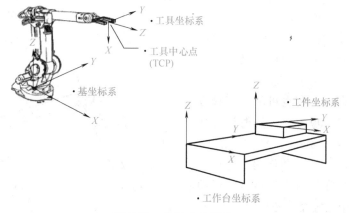

图 7-12 机器人坐标系

1）基坐标系。基坐标系即为坐标系 $\{0\}$，与机器人的基座固定相连。

2）工具坐标系。工具坐标系是以工具中心点（TCP）为原点建立的坐标系，一般与安

装在机器人末端的工具固定相连。

3）工作台坐标系。工作台坐标系的选取与机器人的任务相关，机器人的运动都是相对工作台坐标系来进行，也称任务坐标系、世界坐标系或通用坐标系。

4）工件坐标系。工件坐标系是以工件为基准的直角坐标系，可用于描述 TCP 运动的坐标系。

2. 机器人逆运动学

如果想要机器人手部呈现一个期望的位姿，就必须知道机器人每根连杆的长度和每个关节的角度，这样才能将机器人手部定位运动到期望的位姿，其中涉及的理论工作就是逆运动学分析。需要做的工作是想办法找到正运动学方程的逆解，进而获得工业机器人的关节变量，最终控制机器人手部能定位运动到期望的位姿。所以和正运动学相比，逆运动学方程对实际应用更为重要。将逆解得到的方程输入机器人控制器，求得各个关节的变量值，并根据这些变量控制机器人每个关节的运行，最终控制机器人运行到期望的位姿。

实际上，对机器人机械臂运动学方程求解是一个非线性问题。一般情况下，对于一台 6 自由度的机械臂会存在 12 个方程，在由旋转矩阵分量生成的 9 个方程中，只有 3 个是独立的，位置矢量也能生成 3 个方程，上述的 6 个方程是非线性超越方程，其中存在 6 个未知量，这就导致这些方程难以求解，所以共解的存在性和多重解性就成为必须要考虑的问题。

（1）解的存在性问题　解的存在性问题完全取决于机器人机械臂工作空间的情况。工作空间是指机械臂末端执行器所能到达的范围。如果指定的目标点位于工作空间内，那么就存在逆运动学的解。这里所说的工作空间一般分为可达工作空间、灵活工作空间以及次工作空间。

可达工作空间是指机器人机械臂末端执行器能够到达的所有点的集合。灵活工作空间是指末端执行器参考点可以从任何方向到达的点的集合。次工作空间是指总的工作空间去掉灵活工作空间之外的空间点的集合。根据上述定义可以发现，灵活工作空间是可达工作空间的子集。当一个机器人机械臂的自由度小于 6 个时，它在三维空间内不能达到全部位姿。对于串联型 6 自由度机器人机械臂，逆运动学方程至少存在一个解。

（2）多重解问题　除了上面讲到的解的存在性问题，求解逆运动学方程时还可能遇到多重解问题。例如一个具有 3 个旋转关节的平面机械臂，在给定适当的连杆长度和较大的关节运动范围时，可以从任何方位均可到达工作空间内的任何位置，对于逆运动学方程来说就是存在无数组解。针对这些解需要根据一定的标准选择其一，这里所说的"一定的标准"通常包括："最短行程""最小能量"等原则。一般情况下，"最短行程"是首选的原则，以 3 关节平面机械臂为例，所谓的"最短行程"其实就是选择一组解使得各个关节角度的变化量最小。但是"最短行程"解也可能有多种方式。例如在计算"最短行程"解时进行加权，针对典型机器人存在 3 个大连杆和 3 个小连杆的结构，尽量选择移动小连杆的方式来实现。另外在机器人机械臂的运动学逆解选择过程中还应充分考虑避障问题，在多重解中择优选择。

（3）逆运动学代数解法　图 7-13 为平面三连杆机械臂图，根据图中定义的坐

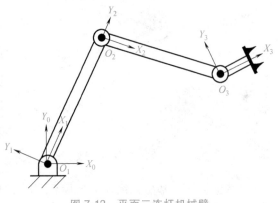

图 7-13　平面三连杆机械臂

标系，得到连杆 D-H 参数，连杆 D-H 参数表见表 7-2。

表 7-2　连杆 D-H 参数表

i	α_{i-1}	a_{i-1}	d_i	θ_i
1	0	0	0	θ_1
2	0	L_1	0	θ_2
3	0	L_2	0	θ_3

应用表 7-2 中的参数，应用正运动学理论可以求得机械臂的运动学方程：

$$
{}_W^B T = {}_3^0 T = \begin{bmatrix} c_{123} & -s_{123} & 0 & l_1c_1+l_2c_{12} \\ s_{123} & c_{123} & 0 & l_1s_1+l_2s_{12} \\ 0 & 0 & 1 & 0 \\ 0 & 0 & 0 & 1 \end{bmatrix} \tag{7-1}
$$

假设机器人机械臂目标点已经确定，根据机械臂特点，通过末端坐标系原点位置坐标 x、y 以及末端连杆的方位角就可以确定这些目标点的位置。假设机器臂末端位姿变换矩阵：

$$
{}_W^B T = \begin{bmatrix} c_\phi & -s_\phi & 0 & x \\ s_\phi & c_\phi & 0 & y \\ 0 & 0 & 1 & 0 \\ 0 & 0 & 0 & 1 \end{bmatrix} \tag{7-2}
$$

机械臂所有可达目标点均要位于末端位姿变换矩阵子空间内，所以令式（7-1）和式（7-2）相等，可以得到 4 个非线性方程：

$$
c_\phi = c_{123} \tag{7-3}
$$

$$
s_\phi = s_{123} \tag{7-4}
$$

$$
x = l_1c_1 + l_2c_{12} \tag{7-5}
$$

$$
y = l_1s_1 + l_2s_{12} \tag{7-6}
$$

利用代数方法求解方程（7-3）至方程（7-6）。因为

$$
c_{12} = c_1c_2 - s_1s_2 \tag{7-7}
$$

$$
s_{12} = c_1s_2 + s_1c_2 \tag{7-8}
$$

所以，将式（7-5）和式（7-6）同时平方然后相加，可以得到：

$$
x^2 + y^2 = l_1^2 + l_2^2 + 2l_1l_2c_2 \tag{7-9}
$$

由式（7-9）可以求解 c_2，得到：

$$
c_2 = \frac{x^2 + y^2 - l_1^2 - l_2^2}{2l_1l_2} \tag{7-10}
$$

需要使 c_2 的值保持在 $-1\sim1$，才能使 θ_2 有解。如果不能满足这个条件，则说明目标点不在机器人机械臂的工作空间内。假设上述条件满足，可以得到 s_2 的表达式：

$$
s_2 = \pm\sqrt{1-c^2} \tag{7-11}
$$

可以求得：

$$
\theta_2 = \mathrm{atan}^2(s_2, c_2) \tag{7-12}
$$

求出 θ_2 以后，根据式（7-5）和式（7-6）可继续求出 θ_1。

令：

$$k_1 = l_1 + l_2 c_2 \tag{7-13}$$

$$k_2 = l_2 s_2 \tag{7-14}$$

可以将式（7-5）和式（7-6）写成如下形式：

$$x = k_1 c_1 - k_2 s_1 \tag{7-15}$$

$$y = k_1 s_1 + k_2 c_1 \tag{7-16}$$

将式（7-15）和式（7-16）中的 s_1 和 c_1 看做未知数，则可以根据式（7-15）和式（7-16）的二元一次方程组解得未知数的值为：

$$s_1 = \frac{k_1 y - k_2 x}{2 k_1^2} \tag{7-17}$$

$$c_1 = \frac{k_1 x + k_2 y}{k_1^2 + k_2^2} \tag{7-18}$$

进而可以解得：

$$\theta_1 = a\tan^2(s_1, c_1) \tag{7-19}$$

由式（7-3）和式（7-4）可以求出：

$$\theta_1 + \theta_2 + \theta_3 = a\tan^2(s_\phi, c_\phi) = \psi \tag{7-20}$$

由于 θ_1 和 θ_2 已知，可以由上式求出 θ_3。由于式（7-11）存在双解，因此求解出的 θ_2 也有两组解，所以案例中的三连杆平面机械臂最终的关节角解是两组。

（4）逆运动学几何解法　接下来继续以平面三连杆机器人为例来说明逆运动学几何解法。对于平面三连杆机械臂，由于其结构是平面的，因此可以利用平面几何关系直接求解。对于空间机器人机械臂，需要将机械臂的空间几何参数分解成平面几何参数，然后应用平面几何方法求出关节角度。

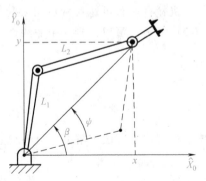

图 7-14　平面三连杆机械臂几何参数

在图 7-14 中，由连杆 l_1 和 l_2 以及 1 号连杆和 3 号连杆原点连线组成了一个实线三角形。该机构的逆运动学问题是在已知 3 号连杆末端坐标系原点位置及连杆方位角的情况下，计算满足条件的三个关节角度。从上面的实线三角形和虚线三角形不难判断出该连杆机构末端位姿的解有两组。

针对实线三角形，可以用余弦定理求得 θ_2 的表达式为：

$$x^2 + y^2 = l_1^2 + l_2^2 - 2 l_1 l_2 \cos(180° + \theta_2) \tag{7-21}$$

因为：

$$\cos(180° + \theta_2) = -\cos\theta_2 \tag{7-22}$$

所以可以得到：

$$c_2 = \frac{x^2 + y^2 - l_1^2 - l_2^2}{2 l_1 l_2} \tag{7-23}$$

根据三角形两边和大于第三边的性质，到目标点的距离 $\sqrt{x^2 + y^2}$ 必须小于两个连杆长度的和 $l_1 + l_2$，当目标点在机械臂运动范围内时则上述条件满足，如果目标点在机械臂运动范围之外则上述条件不满足。如果解存在，则方程解得的 θ_2 为 $0\sim180°$。另外一个可能的解，应该是图中所示虚线三角形所示的情况，通过对称关系可得到 $\theta_2'=-\theta_2$。

为了求解 θ_1 需要先得到 β 和 ψ 的角度表达式，应用 2 幅角反正切公式可以得到 β 的表达式为：

$$\beta=atan^2(y,x) \tag{7-24}$$

根据余弦定理可以求解得到 ψ 的表达式为：

$$\cos\psi=\frac{x^2+y^2+l_1^2-l_2^2}{2l_1\sqrt{x^2+y^2}} \tag{7-25}$$

利用几何法求解时，上述的关系公式是经常使用的，公式中涉及的变量必须在有效范围内才能保证公式的有效性，同时保证几何关系成立，因此：

$$\theta_1=\beta\pm\psi \tag{7-26}$$

式中，当 $\theta_2<0$ 时，对应的是图中实线三角的解，这时：

$$\theta_1=\beta+\psi \tag{7-27}$$

当 $\theta_2>0$ 时，对应的是图中虚线三角的解，这时：

$$\theta_1=\beta-\psi \tag{7-28}$$

该连杆机构属于平面机械臂，运动轨迹始终位于一个平面内，所以角度直接相加可以得到末端连杆的姿态，即

$$\theta_1+\theta_2+\theta_3=\psi \tag{7-29}$$

根据式（7-29）可以求解出 θ_3 的大小，即可完成对该平面连杆机械臂的逆运动学求解。

根据 7.3 节的内容可以知道，对于 6 自由度机器人，为了能得到解析解，通常需要将机器人关节轴设置为正交关系，或者要有多个连杆转角 α_i 为 $0°$ 或者 $90°$。同时为了能够使机械臂的工作空间范围更加广、运动更加灵活，通常情况下机器人机械臂末端连杆会设计得短一些。

思考与练习题

1. 请详细描述工业机器人的组成。
2. 工业机器人的主要技术参数包括哪些？请简述各个参数的含义。
3. 工业机器人驱动电动机主要包括哪几种？请简述各种电动机的优缺点。
4. 机器人动力学包含哪两类问题？说明每一类问题的主要研究内容。
5. 什么是机器人逆解的多重性？
6. 连杆参数包括哪些？分别代表什么含义？
7. 连杆坐标系建立的步骤是什么？

第8章 典型六轴工业机器人设计

8.1 六轴工业机器人程序设计及仿真

通过前序章节 1.6 的学习，我们了解到工业机器人的分类。按机器人结构分主要包括直角坐标机器人、圆柱坐标机器人、球坐标机器人、关节坐标机器人以及平面关节机器人等。在实际的研究和生产场景中，各种各样的机器人都得到了广泛的应用，而这其中以六轴工业机器人为典型代表，如图 8-1 所示。六轴工业机器人具备六个可以单独控制的伺服控制运动关节，能够完成在工作空间内的复杂运动。

实际生产中应用的六轴工业机器人一般包括：焊接机器人、码垛机器人、雕刻机器人以及打磨机器人等。六轴工业机器人是一种可以模仿人类手臂运动的自动化机械设备，运行过程中可以按照给定的控制程序、运行轨迹和生产要求完成自动抓取、搬运等工作。

以完成抓取工作的六轴工业机器人为例，其结构主要可以分为三部分：执行机构、驱动机构以及控制系统。三个部分之间的关系如图 8-2 所示。

图 8-1 六轴码垛工业机器人

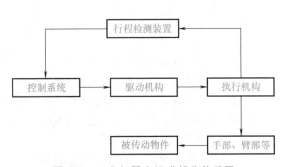

图 8-2 工业机器人组成部分关系图

机器人的执行机构一般包括四个部分：

1）手部。直接与工件接触的部分，一般是回转型或平动型，手部的取物方式可分为抓取式、真空吸盘和电磁吸盘等，抓取式可分为内抓式和外抓式，手指一般为两指，也有多指。

2）腕部。连接手部和臂部的部件，并可用于调节被抓取物体的方位，以扩大机械手的动作范围，并使机械手变得更灵巧，适应性更强。腕部有独立的自由度，可回转运动、上下摆动、左右摆动。一般腕部没有回转运动的再增加一个上下摆动即可满足工作需求，有些动作较为简单的机械手，为了简化结构，可以不设腕部，直接用臂部运动驱动手部搬运工件。

3）臂部。是机械手的重要持握部件，作用是支撑腕部和手部（包括工作或夹具），并带动他们做空间运动。臂部可以将手部送到空间运动范围内的任意一点，如果改变手部姿态，则用腕部的自由度加以实现，因此，一般来说，臂部需具有三个自由度，即手臂的伸缩、左右旋转和升降才能满足基本要求。

手臂的各种运动通常用驱动机构（例如液压缸和气缸）和各种传动机构来实现，从臂部的受力情况分析，它在工作中既受腕部、手部和工件负载的影响，同时自身运动较多，受力复杂，因此，它的结构、工作范围、灵活性、定位精度以及抓取物的大小和重量会直接影响机械手的工作性能。

4）行走机构。主要由电动机、齿轮、带轮等部分组成，电动机工作带动齿轮、带轮传动，带轮带动轮子运动实现行走动作，目前这种应用相对较少。

驱动机构是工业机器人的重要组成部分，根据工业机器人动力源的不同，驱动器大致可分为液压、气动、电动和机械驱动四类。工业机器人的控制方式有两种，分别是点动控制和连续控制，大多机械手采用控制器进行连续控制。点动控制是指控制机器人从一个点运动到另一个点，对中间的行走轨迹没有要求；连续控制对轨迹有规定，机械手需按照指令的指示走出规定的运动轨迹。

1. 工业机器人的空间自由度

一个物体，空间上它可以在（X, Y, Z）三个正交方向上平动，还可以以三个正交方向为轴进行转动（RX, RY, RZ），那么就有 6 个自由度。而当把物体限定在 XY 平面上时，自由度减少为 3 个时，可以在 X，Y 方向平动，可绕 Z 轴转动。

以标准 scara 工业机器人为例，如图 8-3 所示。末端的工作点可以在 XY 方向移动（2轴），还可以绕 Z 旋转（3轴），除此之外还可以在 Z 方向上下移动（4轴），最多有 4 个自由度。而 6 自由度工业机器人如图 8-4 所示，末端工作点可在控件中任意运动，所以有 6 个自由度。

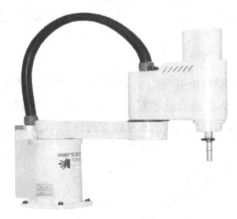

图 8-3　scara 工业机器人

图 8-4　6 自由度工业机器人

2. 关节轴与虚拟轴

工业机器人的关节轴是指其实际机械结构中的旋转关节，程序中一般显示旋转角度。而虚拟轴不是实际存在的，其抽象为世界坐标系的 6 个自由度，依次为 X、Y、Z、RX、RY、

RZ。可以理解为空间直角坐标系的三个直线轴和三个旋转轴，用来确定机械手末端工作点的加工轨迹与坐标。

3. 工业机器人的坐标系

前序章节我们曾简单介绍工业机器人坐标系的概念和分类。在对工业机器人研究的过程中，比较关注两个坐标系，其中一个是关节坐标系（图8-5），即每个轴相对其原点位置的绝对角度，包含机械手所有关节，各关节之间相互独立，坐标单位为角度，一般简写为 J，操作其中一个关节时不影响其他关节的角度。

另外一个比较重要的坐标系是世界坐标系（图8-6），世界坐标系是被固定在空间上的标准直角坐标系，以机械手的底盘为坐标原点，其位置由机械手类型确定。虚拟轴操作时就是根据世界坐标系运动，此时各关节会自动解算需要旋转的角度。

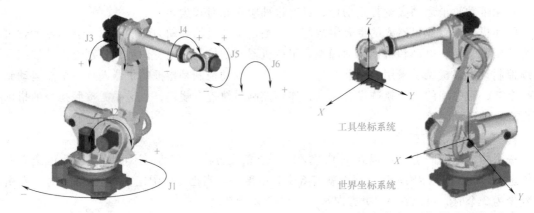

图8-5 6自由度工业机器人关节坐标系　　　　图8-6 6自由度工业机器人世界坐标系

工业机器人算法的主要目的是将关节坐标系与直角坐标系建立联系，完成坐标转换。坐标系转换是指在描述同一个空间时，由原来的坐标系转换为另一个坐标系的过程。工业机器人实际使用中，坐标系转换常用于确定固定在工件上的笛卡儿坐标系（工件坐标系）和世界坐标系的转换关系。每个工业机器人可以拥有若干个工件坐标系，用于表示不同的工件，或者表示同一工件在不同位置。

4. 工业机器人的姿态与奇异点

在数学上，工业机器人的姿态是同一组虚拟轴数值有多组关节轴的解。机器人在笛卡儿坐标系中运动到某一坐标点 A，可以有多种运动轨迹，这些运动轨迹就对应着不同姿态。图8-7所示为 scara 机器人的两种姿态，在 *X* 方向运动，关节轴可以有两种运动方式。

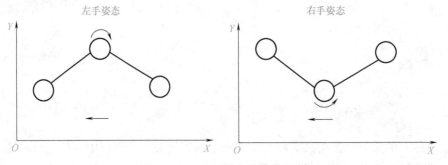

图8-7 scara 机器人的两种姿态

在工业机器人的运动范围内会存在一些特定的位置，当机器人运动到这些位置时，会失去某个自由度，这样的位置就称为奇异点。在机器人实际使用时要注意避免运动到奇异点。如 scara 机器人完全伸直时，此时无法在 X 方向平动，操作机器人往 X 负向运动时，结构无法判断使用哪种姿态运动，此时机器人的机械结构会卡死。为避免出现此类问题，我们需要在机器人正解运动时调整好姿态，逆解运动时规划好运动轨迹。

5. 工业机器人正解运动和逆解运动

前面对机器人正运动学和机器人逆运动学进行了介绍学习。针对工业机器人，通过操作机器人的关节坐标，根据机械结构参数计算出末端位置在直角坐标系的空间坐标，这个过程称为工业机器人的正解运动，此时操作的是机器人实际的关节轴，虚拟轴自动计算坐标。多轴运动控制系统中的正运动机器人控制器使用 CONNREFRAME 指令建立正解模式，此指令作用于虚拟轴上。此时只能操作关节轴，关节轴可以做各种运动，因为实际的运动轨迹不是直线和圆弧，所以这种模式一般用于手动调整关节位置或上电点位回零。

同样，针对工业机器人，我们给定一个直角坐标系中的空间位置，反推各关节轴坐标的过程则称为工业机器人的逆解运动。此时操作的是机器人的虚拟轴，实际关节轴自动解算坐标并运动。多轴运动控制系统中的正运动机器人控制器使用 CONNFRAME 指令建立逆解模式，此指令作用在关节轴上。此时只能操作虚拟轴，虚拟轴可以在笛卡尔坐标系中做直线、圆弧、空间圆弧等运动，关节轴在 CONNFRAME 指令作用下会自动运动到逆解后的位置。

6. 工业机器人主要相关指令

（1）建立机器人逆解模式指令——CONNFRAME

1）指令类型。同步运动指令，建立逆解连接。

2）指令描述。将当前关节坐标系的目标位置与虚拟坐标系的位置关联。CLUTCH_RATE＝0 时，关节坐标系的运动速度和加速度受关节轴 SPEED 等参数的限制。

注意：当关节轴报警出错时，此运动会被 CANCEL（取消）。不要在虚拟轴高速运动中CANCEL（取消）此运动，否则会引起关节轴在高速运动时骤然停止，对机械结构造成冲击。

此命令 LOAD（加载）时会自动修改虚拟轴的坐标，使其与关节轴坐标正确对应，因此调用后需要 WAIT LOADED 后才开始运动。

连接过程中不要修改虚拟轴的坐标，或者调用 DATUM 等可能改坐标的运动，这样会导致关节轴快速运动到新的虚拟位置。CONNFRAME 指令生效后，关节轴的 MTYPE 为 33，此时无法直接运动关节轴，必须运行虚拟轴来间接运动关节轴。当要直接移动关节轴时，应先调用 CANCEL 指令取消 CONNFRAME 指令，然后再运动关节轴。

当虚拟轴和实际轴都为旋转轴时，例如末端旋转轴，虚拟轴和实际轴的脉冲当量要注意保持一致。

3）指令语法。CONNFRAME（frame，tablenum，viraxis0，viraxis1，［…］）

frame。坐标系类型；

tablenum。机械手参数的 TABLE 起始位置，具体填写哪些参数根据类型确认；

viraxis0：虚拟坐标系第 1 个轴；

viraxis1：虚拟坐标系第 2 个轴；

[…]：虚拟坐标系第 N 个轴，可以是实际轴，具体由机械手类型确定。

（2）建立机器人正解模式指令——CONNREFRAME

1）指令类型。同步运动指令，建立正解连接。

2）指令描述。将虚拟轴坐标与关节轴的坐标关联，关节轴运动后，虚拟轴自动走到相应的位置，此指令为 CONNFRAME 的反运动指令。

注意：当虚拟轴 CONNREFRAME 运动 LOAD（加载）时，关节轴的 CONNFRAME 运动会自动被 CANCEL（取消）。当关节轴的 CONNFRAME 运动 LOAD（加载）时，虚拟轴 CONNREFRAME 运动会自动被 CANCEL（取消）。

3）指令语法：CONNREFRAME（frame，tablenum，axis0，axis1，[…]）

frame：坐标系类型；

tablenum：机械手参数的 TABLE 起始位置，具体填写哪些参数根据类型确认；

axis0：关节坐标系第 1 个轴；

axis1：关节坐标系第 2 个轴；

[…]：关节坐标系第 N 个轴。

7. 六轴工业机器人设计

工业机器人设计参考步骤为：

（1）参数定义　定义关节长度和各个轴之间的距离，设置各个轴的脉冲当量。

（2）关节轴设置　选择关节轴轴号，设置轴类型、脉冲当量（关节轴脉冲当量需要转换成角度）、速度参数，设置逆解运动模式（CLUTCH_RATE）、拐角减速等。

（3）虚拟轴设置　选择虚拟轴轴号，设置轴类型（ATYPE=0）和脉冲当量。

（4）将机械手参数存储在 TABLE 里。

（5）建立机械手连接。

我们选择的机器人控制器型号为 ZMC406R。机器人各关节电动机正向标识如图 8-8 中的箭头所示。机器人各关节角度或移动范围见表 8-1。

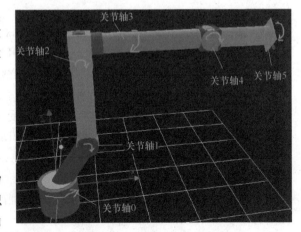

图 8-8　机器人各关节电动机正向标识

表 8-1　机器人各关节角度或移动范围

关节标号	角度或移动范围	关节标号	角度或移动范围
关节轴 0	$(-\pi, \pi)$	关节轴 3	$(-2\pi, 2\pi)$
关节轴 1	$(-\pi, \pi)$	关节轴 4	$(-\pi, \pi)$
关节轴 2	$(-3\pi/2, \pi/2)$	关节轴 5	$(-2\pi, 2\pi)$

机器人关节轴和虚拟轴定义简写见表 8-2。

根据机器人轴定义简写的规定，进行机器人逆解时指令规定的轴号如下：

BASE（Axis_a，Axis_b，Axis_c，Axis_d，Axis_e，Axis_f）

CONNFRAME（6，tablenum，Viraxis_x，Viraxis_y，Viraxis_z，Viraxis_rx，Viraxis_ry，Viraxis_rz）

表 8-2　机器人轴定义简写

实际机器人关节轴	定义简写	直角坐标系虚拟轴	定义简写
关节轴 0	Axis_a	平移轴 X	Viraxis_x
关节轴 1	Axis_b	平移轴 Y	Viraxis_y
关节轴 2	Axis_c	平移轴 Z	Viraxis_z
关节轴 3	Axis_d	旋转轴 RX	Viraxis_rx
关节轴 4	Axis_e	旋转轴 RY	Viraxis_ry
关节轴 5	Axis_f	旋转轴 RZ	Viraxis_rz

机器人正解时指令规定的轴号如下：

BASE(Viraxis_x，Viraxis_y，Viraxis_z，Viraxis_rx，Viraxis_ry，Viraxis_rz)

CONNREFRAME(6，tablenum，Axis_a，Axis_b，Axis_c，Axis_d，Axis_e，Axis_f)

使用控制器与工业机器人进行连接时，需要将机械结构参数填写进 TABLE 数组中，各个参数的详细说明见表 8-3。这些参数对应的六轴工业机器人的实际结构位置如图 8-9 所示。

表 8-3　机器人机械参数说明

TABLE(Tablenum，Large Z，L1，L2，L3，L4，D5，Pules1 One Circle，Pules2 One Circle，Pules 3 One Circle，Pules4 One Circle，Pules 5 One Circle，Pules6 One Circle，Pules VR One Circle，Small X，Small Y，Small Z，Init Rx，Init Ry，Init Rz)

Tablenum	存储转换参数的 TABLE 位置
Large Z	大盘的垂直高度。虚拟轴坐标系零点到关节轴 2 旋转中心，Z 方向的距离
L1	关节轴 1 到关节轴 2 在 X 方向的偏移。转盘中心到大摆臂中心的偏移
L2	大摆臂的长度，关节轴 2 到关节轴 3 的距离
L3	3 轴中心到 4 轴在 Z 方向的距离
L4	3 轴到 5 轴的水平距离
D5	5 转一圈，6 转动的圈数，0 表示不关联
Pules 1 One Circle	关节轴 1 旋转一圈的脉冲数
Pules 2 One Circle	关节轴 2 旋转一圈的脉冲数
Pules 3 One Circle	关节轴 3 旋转一圈的脉冲数
Pules 4 One Circle	关节轴 4 旋转一圈的脉冲数
Pules 5 One Circle	关节轴 5 旋转一圈的脉冲数
Pules 6 One Circle	关节轴 6 旋转一圈的脉冲数
Small X	零点时,末端工作点到关节轴 6 在 X 方向的偏移
Small Y	零点时,末端工作点到关节轴 6 在 Y 方向的偏移
Small Z	末端旋转轴 6 到轴 5 中心的距离
Init Rx	初始的姿态，弧度单位,末端指向的方向,为末端工具坐标系的 Z 方向,0,0,0,指向 Z 方向
Init Ry	初始的姿态,弧度单位,末端指向的方向,为末端工具坐标系的 Z 方向,0,0,0,指向 Z 方向
Init Rz	初始的姿态,弧度单位,末端指向的方向,为末端工具坐标系的 Z 方向,0,0,0,指向 Z 方向

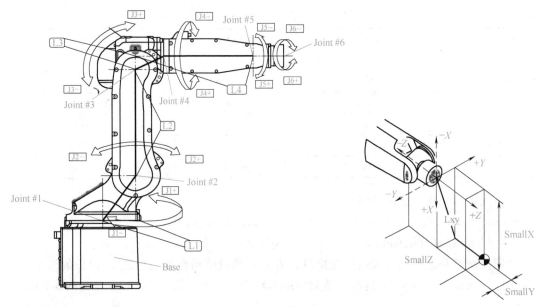

图 8-9　各参数对应工业机器人实际位置示意图

　　设计过程中，六轴工业机器人的所有虚拟轴和关节轴的长度单位都要统一，一般都是以 mm 单位。虚拟轴的一个 mm 单位的脉冲数量建议设置为 1000，这种情况下，精度为小数点后 3 位。控制器建立连接后，机器人正解模式程序为：

BASE(Viraxis_x, Viraxis_y, Viraxis_z, Viraxis_rx, Viraxis_ry, Viraxis_rz)

CONNREFRAME(6, tablenum, Axis_a, Axis_b, Axis_c, Axis_d, Axis_e, Axis_f)

WAIT LOADED

　　机器人建立正解模式连接后，虚拟轴类型 MTYPE 显示为 34，IDLE 显示为 0。此时只能操作关节轴在关节坐标系中的运动，虚拟轴会自动计算末端工作点位于直角坐标系中的位置。而机器人正解模式程序为：

BASE(Axis_a, Axis_b, Axis_c, Axis_d, Axis_e, Axis_f)

CONNFRAME(6, tablenum, Viraxis_x, Viraxis_y, Viraxis_z, Viraxis_rx, Viraxis_ry, Viraxis_rz)

WAIT LOADED

　　机器人建立逆解模式连接后，关节轴类型 MTYPE 显示为 33，IDLE 显示为 0。此时只能操作虚拟轴在直角坐标系中的运动，关节轴会自动计算在关节坐标系中的联合运动方式。

　　六轴工业机器人设计例程如下所示：

```
'''''''''''''''''参数定义'''''''''''''''''
DIM Large Z                              '基座的垂直高度
DIM L1                                   '1 轴到 2 轴的 X 偏移;转盘中心到大摆臂中心的
                                          偏移
DIM L2                                   '大摆臂长度
DIM L3                                   '3 轴中心到 4 轴中心距离
DIM L4                                   '4 轴到 5 轴的距离。
DIM D5                                   '5 转一圈,6 转动的圈数,0 表示不关联
```

```
DIM Pules VR One Circle              '虚拟姿态轴一圈脉冲数
DIM Small Z                         '末端到 5 轴的垂直距离
DIM Small X, Small Y                '末端到转盘中心的 XY 偏移
DIM Init Rx, Init Ry, Init Rz       '初始的姿态,(0,0,0)指向 z 正向
''''''''''''''参数赋值''''''''''''''
Large Z = 50
L1 = 0
L2 = 100
L3 = 0
L4 = 60
D5 = 0
SmallZ = 10
SmallX = 0
SmallY = 0
InitRx = 0
InitRy = 0
InitRz = 0
PulesVROneCircle = 360 * 1000
DIM u_m1                            '电动机 1 一圈脉冲数
DIM u_m2                            '电动机 2 一圈脉冲数
DIM u_m3                            '电动机 3 一圈脉冲数
DIM u_m4                            '电动机 4 一圈脉冲数
DIM u_m5                            '电动机 5 一圈脉冲数
DIM u_m6                            '电动机 6 一圈脉冲数
u_m1 = 3600
u_m2 = 3600
u_m3 = 3600
u_m4 = 3600
u_m5 = 3600
u_m6 = 3600
DIM i_1                             '关节 1 传动比
DIM i_2                             '关节 2 传动比
DIM i_3                             '关节 3 传动比
DIM i_4                             '关节 4 传动比
DIM i_5                             '关节 5 传动比
DIM i_6                             '关节 6 传动比
i_1 = 1
i_2 = 1
i_3 = 1
```

```
i_4 = 1
i_5 = 1
i_6 = 1
DIM u_j1                                           '关节 1 实际一圈脉冲数
DIM u_j2                                           '关节 2 实际一圈脉冲数
DIM u_j3                                           '关节 3 实际一圈脉冲数
DIM u_j4                                           '关节 4 实际一圈脉冲数
DIM u_j5                                           '关节 5 实际一圈脉冲数
DIM u_j6                                           '关节 6 实际一圈脉冲数
u_j1 = u_m1 * i_1
u_j2 = u_m2 * i_2
u_j3 = u_m3 * i_3
u_j4 = u_m4 * i_4
u_j5 = u_m5 * i_5
u_j6 = u_m6 * i_6
''''''''''关节轴设置''''''''''
BASE(0,1,2,3,4,5)                                  '选择关节轴号 0、1、2、3、4、5
ATYPE = 1,1,1,1,1,1                                '轴类型设为脉冲轴
UNITS = u_j1/360,u_j2/360,u_j3/360,u_j4/360,u_j5/360 ,u_j6/360   '把 units 设成每度脉
                                                                      冲数
DPOS = 0,0,0,0,0,0                                 '设置关节轴的位置,此处要根据实际情况来修改
SPEED = 100,100,100,100,100,100                    '速度参数设置
ACCEL = 1000,1000,1000,1000,1000,1000
DECEL = 1000,1000,1000,1000,1000,1000
CLUTCH_RATE = 0,0,0,0,0,0                          '使用关节轴的速度和加速度限制
MERGE = ON                                        '开启连续插补
CORNER_MODE = 2                                   '启动拐角减速
DECEL_ANGLE = 15 * (PI/180)                       '开始减速的角度 15°
STOP_ANGLE = 45 * (PI/180)                        '降到最低速度的角度 45°
''''''''''虚拟轴设置''''''''''
BASE(6,7,8,9,10,11)
ATYPE = 0,0,0,0,0,0 '设置为虚拟轴
TABLE(0, LargeZ, L1, L2, L3, L4, D5, u_j1, u_j2, u_j3, u_j4, u_j5, u_j6, PulesVROneCircle,
SmallX, SmallY, SmallZ, InitRx, InitRy, InitRz) '根据手册说明填写参数
UNITS = 1000,1000,1000,1000,1000,1000             '运动精度,要提前设置,中途不能变化
''''''''''建立机械手连接''''''''''
WHILE 1
IF SCAN_EVENT(IN(0)) > 0 THEN                      '输入 0 上升沿触发
BASE(0,1,2,3,4,5)                                  '选择关节轴号
```

```
CONNFRAME(6,0,6,7,8,9,10,11)          '启动逆解连接
WAIT LOADED                           '等待运动加载,此时会自动调整虚拟轴位置
?"逆解模式"
ELSEIF SCAN_EVENT(IN(0))<0 THEN       '输入 0 下降沿触发
BASE(6,7,8,9,10,11)                   '选择虚拟轴号
CONNREFRAME(6,0,0,1,2,3,4,5)          '启动正解连接
WAIT LOADED                           '等待运动加载
?" 正解模式"
ENDIF
WEND
```

完成六轴工业机器人设计后,我们可以使用 ZRobotView 软件仿真进行仿真测试,如图 8-10 所示。具体使用方法是:首先将此段程序下载到控制器,然后打开 ZRobotView 软件,点击右方 "连接" 按钮,选择与控制器的连接方式后单击 "确认" 后连接(网口通信选择与控制器同一 IP 网段,串口通信选择与控制器相同串口号、波特率等),此时将会自动建立模拟机械手,仿真运动。另外还可以使用 ZDevelop 软件的 "手动运动" 功能,在该界面手动改变轴的坐标模拟机械手运动。使用 ZRobotView 软件仿真六轴工业机器人控制情况如图 8-11 所示。

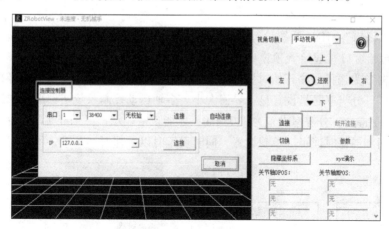

图 8-10   ZRobotView 软件仿真测试设置

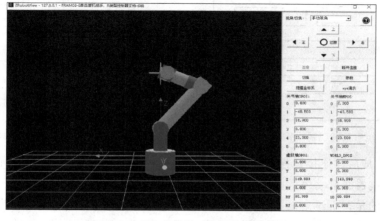

图 8-11   ZRobotView 软件仿真效果图

8.2 六轴工业机器人示教器设计

工业机器人设计调试完成后就进入生产使用阶段，必不可少的功能是和操作人员进行信息交互。工业机器人通常会配合触摸屏或示教器完成画面组态和信息交互。针对多轴运动控制系统所使用的 ZMotion 系列运动控制器，使用的组态功能是 ZHmi。控制系统控制器软件结构如图 8-12 所示。

编写和调试 ZHMI 程序需要 ZDevelopV2.5 以上版本的软件，ZDevelopV2.5 以上版本软件支持 Basic 程序、PLC 程序和 HMI 组态同时使用，可以使用程序在显示屏上动态绘图。

1. HMI 工程的建立

1）打开 ZDevelop 开发软件，单击"文件（File）"菜单，新建项目。

2）单击"新建（New）"，选择"建立 HMI 程序文件"，写入程序代码，单击"保存"，选择与项目文件相同的目录保存。

3）单击"项目（Project）"-"添加到项目"，或者在左侧文件列表空白处单击鼠标右键，单击"添加到项目"，选择刚才保存的 HMI 文件。

4）双击窗口左边文件列表对应 HMI 文件的"自动运行（AutoRun）"选项，填入数字"0"，代表任务号 0。

5）打开"编辑"-"HMI 系统设置"，弹出组态文件属性界面，如图 8-13 所示。

6）设置起始窗口、起始置顶窗口、分辨率、初始化函数和周期函数等。

起始基本窗口为选择程序开始时显示的那个基本窗口。起始置顶窗口为选择程序开始时要置顶显示的窗口。分辨率是指设置显示界面大小。多轴运动控制系统实训平台选用的示教器型号为 ZHD400X 手持盒，分辨率设置为 800×480，才能正常显示。显示屏实际背光时间以 min 为单位。背光时间和屏保时间可以单独设置，同时设置时以屏保时间为准，不使用时设为 0。

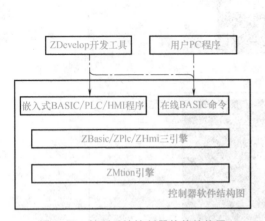

图 8-12　控制系统控制器软件结构图

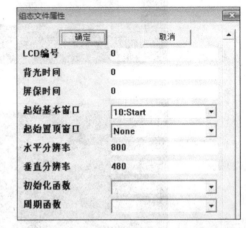

图 8-13　HMI 组态文件属性界面

7）设置完成后，连接到控制器或仿真器，单击"下载到 RAM"菜单，此时会下载刚才的程序到控制器并自动运行。

需要注意的是，不建立项目时，只有程序文件无法下载到控制器。每个显示屏最多允许一个 HMI 文件运行，HMI 文件需占用一个任务号。如图 8-14 所示，图 8-14a 为正确的设置方式，而图 8-14b 的设置是不允许的。ZHmi 支持通过以太网把电脑或其他触摸屏作为显示屏使用，控制器支持多个显示屏时，通过设置组态文件属性可以选择使用的显示屏编号。当程序运动出错后，ZDevelop 软件会显示出错信息，如果出错信息没有显示，可以通过命令行输入？* task 再次查看出错信息，双击出错信息可以自动切换到程序出错位置。

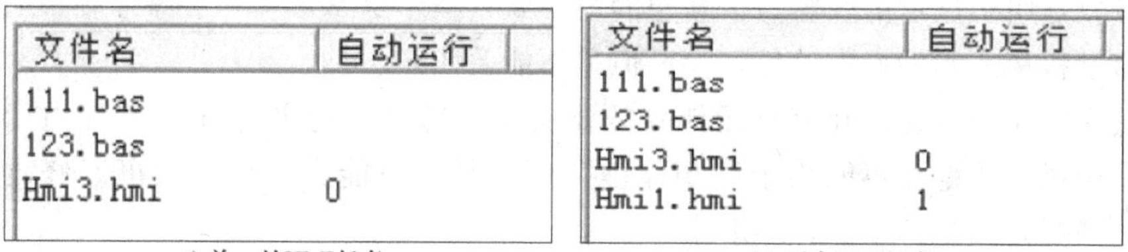

文件名	自动运行			文件名	自动运行	
111.bas				111.bas		
123.bas				123.bas		
Hmi3.hmi	0			Hmi3.hmi	0	
				Hmi1.hmi	1	

a) 单一的HMI任务 　　　　　　　　　b) 两个HMI任务

图 8-14　HMI 任务

HMI 程序仿真运行时，需要将程序下载到仿真器，然后单击仿真器的"显示"，即可打开 Xplc Screen 界面运行 HMI，如图 8-15 所示。Xplc Screen 界面中可以设置连接的 IP 和显示屏编号如图 8-16 所示。

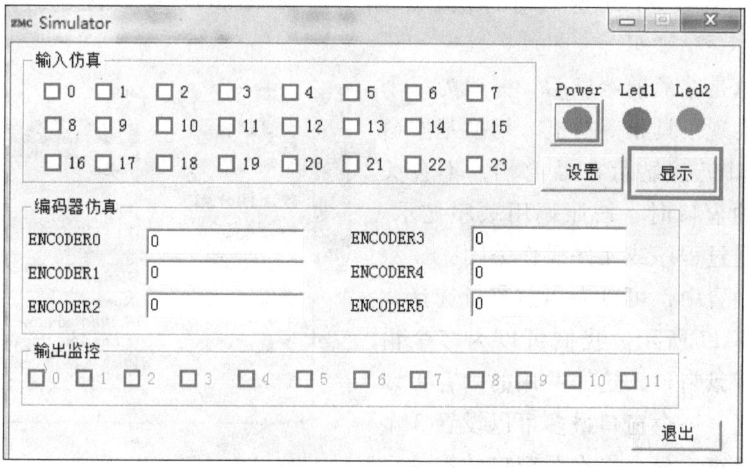

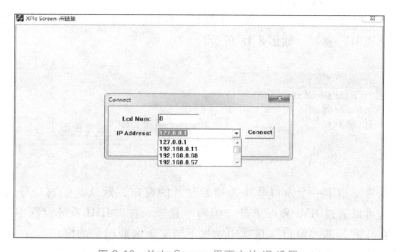

图 8-15　单击仿真器显示按钮打开 Xplc Screen 界面

图 8-16　Xplc Screen 界面中的 IP 设置

2. HMI 组态窗口

HMI 程序由一个个窗口组成，窗口的基本类型包括：基本窗口（Base Window）、软键盘窗口（Keyboard Window）、弹出窗口（Pop Window）、菜单窗口（Menu Window）、置顶窗口（Top Window）。

基本窗口是组态显示的底窗口，新建的窗口默认类型为基本窗口，基本窗口只能显示一个，可以通过程序或元件操作进行切换，但是不能关闭。

软键盘窗口用于值元件和字符元件等需要输入的场合。新建的 HMI 文件内置三个软键盘窗口可供选择。软键盘不能用于"功能键"等元件，只能在显示数据可以修改的控件使用，比如"值显示""字符显示"元件等。

弹出窗口是对话框一样的动态弹出窗口，按照调用顺序，显示最后调用的弹出窗口。当多个弹出窗口重叠在一起时，弹出窗口中的功能按键都可以被正常触发。调用弹出窗口后，可以对基本窗口等其他类型窗口进行操作，弹出窗口需通过程序或元件操作关闭，切换基本窗口后弹出窗口也将关闭。

菜单窗口属于弹出窗口，都是调用后弹出。不同之处是 Menu 窗口弹出后，获得操作最大权限，但是只能对 Menu 窗口进行操作。当单击到非 Menu 窗口区域时，Menu 窗口将关闭。

置顶窗口总是在最前端显示，一般为一个小窗口，可以实现工具条等功能。切换基本窗口时，置顶窗口仍会显示在最前端，不会关闭。有多个置顶窗口时，按照调用顺序显示。置顶窗口必须通过程序或元件操作关闭。

窗口属性设置中，可以为当前窗口选择背景窗口，如图 8-17 所示。我们可以为多个窗口指定同一个背景窗口，这样共用的内容可以放在背景窗口里。一个窗口最多可以设置 3 个背景窗口，背景窗口只会将设置窗口的控件显示在当前窗口，但无法对这些控件操作。

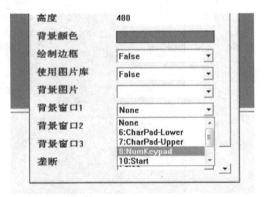

图 8-17　窗口属性背景窗口设置

创建窗口时，组态文件缺省会生成 3 个软键盘窗口和 1 个初始化窗口，通过选择文件列表下方的"组态视图"查看，如图 8-18 所示。

图 8-18　软键盘窗口和初始化窗口

组态文件通常需指定一个窗口号作为初始显示的窗口，默认起始窗口号为 10。初始窗口的设置和修改可以通过 HMI 界面单击"编辑"选项，在"HMI 系统设置中"打开组态文件属性界面，在"起始基本窗口"选项中通过下拉菜单选取已有的窗口。

窗口创建方法为：首先在 HMI 界面下选择"元件"-"新建窗口"来创建窗口，此时可以设置窗口编号的窗口名，单击"确定"后进入新建窗口界面内，右键选择"属性"打开"组态窗口属性"，选择窗口类型对窗口进行操作，如图 8-19 所示；也可以在"组态视图"的窗口列表右键窗口号，选择"窗口属性"来修改窗口类型。

在窗口中可以定义一个功能键，完成调用或关闭的任务。以调用窗口为例，首先选择"元件"-"位元件"-"功能键"，新建一个功能键。双击"功能键"打开属性，如图 8-20 所示，找到"动作"下拉列表，可以选择打开 3 种窗口类型。其中菜单窗口属于弹出窗口（Pop Window）类，选择好要打开的窗口类型后，在"动作操作窗口"中选择要打开的窗口编号，注意打开的窗口类型要与选择的窗口一致。

窗口中也经常用到显示框，选择"元件"-"值显示"/"字符显示"可以添加显示框，双击显示框打开"属性"，可以设置显示层次、寄存器等属性，如图 8-21 所示。多个控件叠加时，可以设置控件的显示层次。TopLayer 代表表层，显示在最外层，覆盖底下控件；MidLayer 代表中间层，BottomLayer 代表底层，分别表明空间的相对位置。而属性中寄存器一项则用来与各类寄存器建立数据联系。我们可以选择的寄存器类型和对应控制器寄存器说明如表 8-4 所示。

图 8-19　组态窗口属性设置

图 8-20　功能键属性设置

图 8-21　显示框属性设置

表 8-4　元件寄存器类型说明

寄存器类型	对应控制器寄存器	说明
X	输入口 IN	此寄存器对应通用输入
Y	输出 OP	此寄存器对应通用输出
M	M Modbus_bit	不同型号控制器的寄存器个数有区别掉电保持：2048~2175
S	状态寄存器 S	编号 0~999，掉电保持：0~127
D	Modbus_4X 寄存器根据数据类型 Int16 modbus_reg Int32 modbus_long Float32 modbus_ieee	不同型号控制器的寄存器 个数有区别

（续）

寄存器类型	对应控制器寄存器	说明
D. DOT	按位读取 modbus_reg 编号 = reg 号 * 16+dot(0~15)	请使用位状态显示元件
DT	Table 表	
T	定时器编号 0~127	寄存器长度 32 位,当通过 16 位指令访问时自动使用低 16 位
C	计数器编号 0~127	寄存器长度 32 位,当通过 16 位指令访问时自动使用低 16 位
@	定义的变量、数组	必须是 global 类型

如图 8-21 所示，所控元件的位置、大小以及有效性等属性的设置，各个属性的功能及含义见表 8-5。

表 8-5　元件属性参数说明

操作	功能	说明
水平位置	控件显示的左上角 X 坐标	不要超出水平分辨率
垂直位置	控件显示的左上角 Y 坐标	不要超出垂直分辨率
宽度	当前控件的显示宽度	
高度	当前控件的显示高度	
有效显示	选择控件是否显示	默认 True,选择 False,控件不显示且无功能作用
采用有效控制	通过寄存器控制控件是否显示	默认 False
有效控制的设备	当前设备	默认
寄存器类型	选择寄存器类型	
寄存器编号	选择寄存器编号	

对于文本属性的元件，可以设置其编号、名称、显示层次、文本库以及是否图片化等基本属性。在含有文字的元件属性中，可以通过"格式文本"属性对元件文字进行详细设置，其中包括文本的内容、水平和垂直对齐的方式、字体颜色、字体背景、字体大小和字体格式等。在元件中具有设置和功能选择的按键还有"动作"属性的设置。动作功能中可以对窗口进行打开或关闭控制、直接调用 SUB 程序（使用 Basic 语言编写的函数程序，如机器人伺服轴的动作控制等）、绑定物理键或设置虚拟键、进行按键的开关类型及寄存器相关操作设置。按键的各个动作选项的功能以及功能的说明详情见表 8-6。

表 8-6　元件动作功能说明

工作名	功能	说明
Open base Window	以基本窗口类型打开窗口	窗口号通过"动作操作窗口"选择,要打开的窗口类型要保持一致
Open top Window	以 top 窗口类型打开窗口	
Pop Window	以 pop 窗口类型打开窗口	
Close current Window	关闭当前窗口	
Close Window	关闭选择窗口	窗口号通过"动作操作窗口"选择

（续）

工作名	功能	说明
Last Window	打开最后一个基本窗口	
Shift Window	切换窗口	必须在非 base 类型窗口内才可以使用,且只能在同类窗口间切换
Call sub	调用 Basic 定义函数	函数必须是 global 类型
Call sub Twice	按下调用一个函数,松开调用另一个函数	
Input physical key	与物理按键绑定	需要物理按键对应表
Input virtual key	设为虚拟按键	通过"虚拟按键码"选择编号
Input String	输入字符串	只能在 keyboard 窗口内使用
Set Bit	按下时,置 1	
Reset Bit	按下时,置 0	
Reverse Bit	取反,为 1 时变成 0,为 0 时变成 1	
Recovery Bit	按下时置 1,松开时置 0	
Set when Open	元件所在窗口被打开时,置 1	开关类型
Reset when Open	元件所在窗口被打开时,置 0	
Set when Close	元件所在窗口被关闭时,置 1	
Reset when Close	元件所在窗口被关闭时,置 0	
Data Write	写入数据到寄存器	数据值通过"动作数据"设置,寄存器通过"寄存器类型"和编号选择。如果原来值大于"状态数量",会先按("状态数量"-"动作数据")递减为 0
Data Plus	寄存器原来值加上数据	
Data Loop	寄存器原来值加上数据,在设置的状态之间循环切换,实现周期切换数据效果	

单击"元件",选择"绘图"选项,可以绘制出多线段、矩形、椭圆等图形。绘制成功后,我们可以通过双击绘制的图形进行属性设置,下面我们以矩形为例说明矩形属性参数的含义及功能,如表 8-7 所示。

表 8-7 矩形元件功能说明

操作	功能	说明
显示层次	选择元件显示层次	
水平位置	控件显示的左上角 X 坐标	不要超出水平分辨率
垂直位置	控件显示的左上角 Y 坐标	不要超出垂直分辨率
宽度	当前控件的显示宽度	
高度	当前控件的显示高度	
有效显示	选择控件是否显示	默认 True,选择 False,控件不显示且无功能作用
采用有效控制	通过寄存器控制控件是否显示	默认 False
有效控制的设备	当前设备	默认 Local
寄存器类型	选择寄存器类型	
寄存器编号	选择寄存器编号	寄存器值为 0 时不显示,非 0 时使用
当前颜色	选择矩形颜色	
填充	选择是否填充	
填充颜色	选择填充的颜色	
半径		

除了上述元件，常用的元件还包括图片、矢量图形、字元件、定时器以及自定义元件等，其设置方法和上述元件的属性设置方法类似，在这里不再详细赘述，可以参考上面各元件的参数功能和设置方法自行尝试。

3. 机器人示教器

为了方便使用，大多数工业机器人都配有示教器等外部人机交互设备。图 8-22 所示为多轴运动控制系统实训平台配备的示教器。使用示教器、触摸屏等外部设备时，经常会遇到外部设备存在物理按键的情况。物理按键是指外部设备上的实际按键，每个物理按键都有唯一的编码值。按下物理按键时会发送一条信息，这条信息就是按键的编码值。物理按键的编码值由硬件决定，在程序中无法修改。不同的外部设备对应的物理按键编码值也不同，所以任何外部设备在使用前都需要咨询厂家确定物理按键编码。

实际项目开发编程时，如果直接使用物理按键编码编写程序，那么程序的可移植性就会很低，所以程序编写时希望有一个编码可以用在所有外部设备上，这时虚拟编码就出现了，只要将外设的物理按键编码与虚拟编码一一对应，程序就可以用在不同的外部设备上了。

由于虚拟编码的操作方式和物理按键编码相似，所以称其为虚拟键。在多轴运动控制系统中，虚拟键编码由底层封装而成，因此在基于系统开发的 HMI 程序中，虚拟键编码无法修改。虚拟键编码值 0~127 都对应 ASCII 码表，128 以后则自定义了功能，建议使用的虚拟按键定义参见附录 C。

按键转换表主要由列表区、功能区和选择菜单三部分组成，如图 8-23 所示。在"选择菜单"的下拉菜单中可以选择已经编辑好的转换表。列表区内主要编辑物理按键设置值为外部设备按键的编码值，以及虚拟键设置值为希望与外部物理键绑定的虚拟编码值，列表区虚拟键描述栏中主要是对当前虚拟键功能的说明。

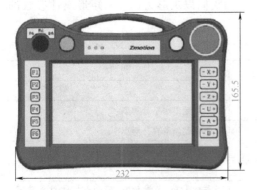

图 8-22　多轴运动控制系统实训平台示教器

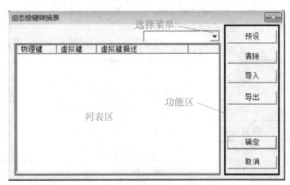

图 8-23　示教器组态按键转换表

多轴运动控制系统实训平台配备的示教器型号为 ZHD400X，该示教器左上角配有一个手动-停止-自动三位自锁选择旋钮，旋钮旁边配有启动按钮；右上角配有一个急停按钮，按钮旁边配有暂停按钮；左侧一列为 F1 至 F6 六个功能键；右侧一列为 X/Y/Z/U/A/B 六个轴的正负运动按键。按键编码按行列组合而成：手动旋钮编码为 1，自动旋钮编码为 2，启动按钮编码为 3，暂停按钮编码为 4，急停按钮编码为 5。其他功能键及控制键编码见表 8-8。

ZHD400X 示教器屏幕下方有一个 U 盘接口，示教器延长线末端是网口水晶头，在水晶头旁边引出示教盒电源线和急停信号线。红色线为 24V 电源正，黑色线为 24V 电源负。紫色线为急停信号线。

表 8-8　ZHD400X 示教器功能键及控制键编码

物理按钮	编码	注释	物理按钮	编码	注释
Global Const key_f1	11	功能键 1	Global Const key_Z--	44	
Global Const key_f2	12	功能键 2	Global Const key_Z+	45	
Global Const key_f3	13	功能键 3	Global Const key_U--	54	
Global Const key_f4	14	功能键 4	Global Const key_U+	55	轴移动按键
Global Const key_f5	15	功能键 5	Global Const key_A--	64	
Global Const key_f6	16	功能键 6	Global Const key_A+	65	
Global Const key_X--	24		Global Const key_B--	74	
Global Const key_X+	25	轴移动按键	Global Const key_B+	75	
Global Const key_Y--	34				
Global Const key_Y+	35				

8.3　基于 PC 的工业机器人在线控制设计

多轴运动控制系统实训平台选用的运动控制器支持 PC 直接在线控制，可以为使用者提供丰富的 DLL 函数库和 VC、VB、C#、LABVIEW 等例程。函数库同时还支持 WINCE 和 LINUX 语言。多轴运动控制系统实训平台选用运动控制器的在线控制，相对于 PCI 运动控制卡控制具有的优势体现在以下几方面：

1）不使用插槽，稳定性更好。

2）降低对 PC 的要求，不需要 PCI 插槽。

3）可以选用 MINI 电脑或 ARM 工控电脑，降低整体成本。

4）控制器直接做接线板使用，节省空间。

5）控制器上可以并行运行程序，与 PC 只需简单交互，降低 PC 软件的复杂性。

因此，选用以太网接口的运动控制器来代替 PCI 运动控制卡，既可以节省空间，降低成本，又可以优化程序，方便接线。这也是越来越多开发与应用采用 PC 通过以太网直接在线控制的原因，示教器组态按键转换表如图 8-24 所示。

1. 工业机器人 PC 在线控制软件架构

工业机器人在线控制设计以 VC++ 为例，使用的软件为 Visual Studio 2015，软件界面如图 8-25 所示，该软件常用菜单功能包括：

（1）文件　该菜单主要用于新建项目、打开现有项目以及保存项目等操作。

（2）编辑　该菜单与 Word 中的编辑菜单类似，主要用于文件内容的复制、剪切、保存、粘贴等操作。

（3）视图　该菜单用于在 Visual Studio 2015 界面中显示不同的窗口。视图菜单中的常用窗口包括解决方案资源管理器、服务器资源管理器、SQL Server 对象资源管理器、错误列表、输出、工具箱、属性窗口等。解决方案资源管理器用于管理在 Visual Studio 2015 中创建的项目；服务器资源管理器用于管理数据库连接、移动服务和应用服务等；SQL Server 对象资源管理器用于管理 Visual Studio 2015 中自带或其他的 SQL Server 数据库；错误列表窗口用

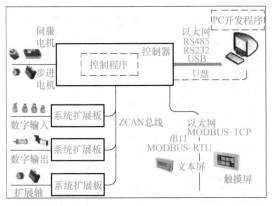

图 8-24　示教器组态按键转换表

图 8-25　Visual Studio 2015 软件界面

于显示程序在编译或运行后出现的错误信息；输出窗口用于显示在程序中的输出信息；工具箱窗口用于显示在 Windows 窗体应用程序或 WPF 应用程序、网站应用程序中可以使用的控件；属性窗口则用于设置项目或程序中使用的所有控件等内容的属性。

（4）调试　该菜单主要在程序运行时调试使用。

（5）团队　该菜单在团队开发时使用。

（6）工具　该菜单用于连接到数据库、连接到服务器、选择工具箱中的工具等操作。

（7）体系结构　该菜单用于创建 UML 模型或关系图。

（8）测试　该菜单用于对程序进行测试。

（9）分析　该菜单用于分析程序的性能。

（10）窗口　该菜单用于设置在 Visual Studio 2015 界面中显示的窗口，并提供了重置窗口的选项，方便用户重置 Visual Studio 2015 的操作界面。

2. 工业机器人 PC 在线控制程序设计

1）首先在菜单栏的"文件"列表中，选择"新建"—"项目"。在列表区域选择"Visual C++"—"MFC"，在右侧显示选择"MFC 应用程序"，命名之后单击"确定"，如图 8-26 所示。

2）在 MFC 应用程序向导中选择基本对话框，单击"完成"，如图 8-27 所示。

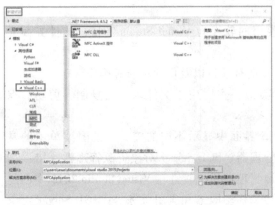

图 8-26　新建工程

图 8-27　MFC 应用程序向导设置

3）在跳出的 MFC 基础框架中，右键可以进行插件的添加，或者原有按键的修改或删除，可以根据自身编程要达到的效果进行修改（如果不需要就跳过此步骤）。

4）将 C++的库文件和相关头文件（zauxdll2. h、zauxdll. lib、zauxdll. dll、及 zmotion. dll 等）复制到新建项目里。

5）依次把静态库（zauxdll. lib，zmotion. lib）和相关头文件（zauxdll2. h，zmotion. h）添加到项目中，如图 8-28 所示。

6）需要声明用到的头文件和定义控制器连接句柄。

7）项目已经建成，可以在 XXXDlg. cpp 源文件中进行编程了。

如果目标平台版本不正确，则会引发错误。解决方法是：按照右键单击"解决方案"→"配置属性"→"常规"→"目标平台版本"，选择现在使用的正确版本即可。同时为了防止出现 Error 1 error MSB8020：The build tools for v140（Platform Toolset = 'v140'）的错误警报，在"平台工具集"中选择"Visual Studio 2015（v140）"，如图 8-29 所示。

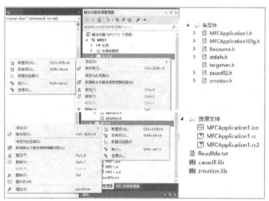

图 8-28　静态库和头文件添加

图 8-29　常见错误警报处理方法

8）编程结束之后，编译并运行，附录 D 是追剪同步指令运动在线控制程序。

3. 工业机器人 PC 在线控制程序仿真测试

按照上述方法完成工业机器人在线控制程序设计，再根据多轴运动控制系统实训平台控制器的连接方式选择连接函数：ZAux_OpenEth( )连接控制器，再用返回的控制器句柄，实现对控制器的控制，仿真测试结果如下：

1）在 Visual Studio 2015 软件中运行程序，获得如图 8-30 所示的控制窗口，输入控制器的 IP 地址，与控制器进行连接。

2）打开多轴运动控制系统实训平台自带的 ZDevelop 软件，进行控制器的连接。注意两次 IP 地址保持一致，确保两个软件连接的是同一个控制器。如本次程序仿真测试中，两个软件连接的控制器 IP 地址均为 192. 168. 0. 11，为同一个控制器，如图 8-31 所示。

3）打开 ZDevelop 软件的示波器功能，便可监控在线控制程序运行时伺服电动机追剪运动的波形图，如图 8-32 所示。仿真结果验证了自定义凸轮运动的效果，根据凸轮表的设定，从轴跟随主轴达到了设计的运动控制效果。

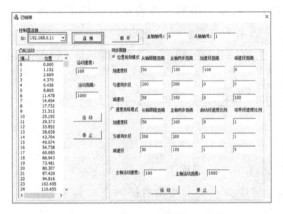

| 图 8-30　机器人在线控制连接控制器 | 图 8-31　实训平台控制器连接设置 |

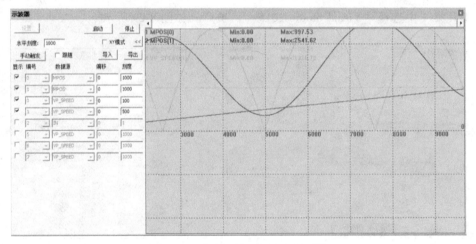

图 8-32　在线控制程序仿真效果图

思考与练习题

1. 简述工业机器人执行机构的四个部分以及每部分的主要作用。
2. 工业机器人空间自由度的含义是什么？
3. 工业机器人姿态的含义是什么？什么是机器人的奇异点？
4. 简述工业机器人设计的一般步骤。
5. 工业机器人在线控制与 PCI 运动控制卡控制相比有哪些优势？

附　录

附录 A　控制器串口连接设置

当串口列表下拉选择时，会自动列出本计算机上可用的串口号，选择需要连接的串口编号、设置波特率、校验位、停止位之后，单击"连接"，连接是否成功会在软件输出窗口自动打印出相应信息。USB 连接会自动生成虚拟串口，选择串口号来连接即可。若连接失败，按下面方法依次排查：

1）查看串口连接线是否为交叉线。

2）查看"连接到控制器"里的 COM 口编号、参数是否选择正确。

打开电脑"设备管理器"-"端口"-"通信端口（COM）"-"端口设置"，如附图 A-1 所示，查看 COM 口设置是否正确，控制器串口默认参数波特率 38400，数据位 8，停止位 1，校验位无。

附图 A-1　通信端口设置

在"端口设置"-"高级"选项中可更改 COM 端口号，如附图 A-2 所示，通过下拉列表选择。

3）当通过串口连接到控制器时，对应的控制器串口必须配置为 MODBUS 从协议模式（缺省模式），断电重启即可恢复。

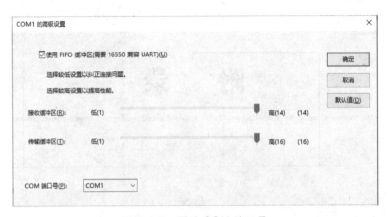

附图 A-2　更改 COM 端口号

4) COM 口是否被其他程序占用，如串口调试助手等。

5) 查看 PC 端是否有足够的串口硬件。

6) 更换串口线/电脑测试。

附录 B　总线初始化

EtherCAT 初始化程序（电动机使能）

使用要求：控制器带 EtherCAT 接口，伺服驱动器必须支持 EtherCAT 总线，ZDevelop 需要 2.5 以上版本。此初始化程序只进行了总线使能操作，轴的脉冲当量、轴速度、运动轨迹需要在上位机进行设置。

```
'''''''''''''初始化准备
RAPIDSTOP(2)
WAIT IDLE
FOR i=0 to 10                          '取消原来的总线轴设置
ATYPE(i)=0
NEXT
''''''''''''' EtherCAT 总线初始化
SLOT_SCAN(0)                           '开始扫描
IF RETURN THEN
    ?"总线扫描成功","连接设备数:"NODE_COUNT(0)
    ?
    ?"开始映射轴号"
    AXIS_ADDRESS(0)=0+1                '映射轴号(EtherCAT 总线上的第一个驱
                                        动器映射为轴 0)
    ATYPE(0)=65                        ' EtherCAT 类型
                                       '65 位置控制,66 速度控制,67 力矩控制
    DRIVE_PROFILE(0)=-1                '伺服 PDO 功能
```

```
                                        ' ATYPE = 66 时设置 DRIVE_PROFILE = 20
                                        ' ATYPE = 67 时设置 DRIVE_PROFILE = 3
    DISABLE_GROUP(0)                    '每轴单独分组
    ?"轴号映射完成"
    DELAY（100）
    SLOT_START(0) '总线开启
    IF RETURN THEN
        ?"总线开启成功"
        ?"开始清除驱动器错误(根据驱动器数据字典设置)"
        DRIVE_CONTROLWORD(0)= 0        '配合伺服清除错误
        DELAY（10）
        DRIVE_CONTROLWORD(0)= 128      ' bit7 = 1 强制伺服清除错误
        DELAY（10）
        DRIVE_CONTROLWORD(0)= 0        '配合伺服清除错误
        DELAY（10）
        DATUM(0)                       '清除控制器所有轴错误
        DELAY（100）
        ?"轴使能准备"
        AXIS_ENABLE(0)= 1              '轴 0 使能
        WDOG = 1                       '使能总开关
        ?"轴使能完成"
    ELSE
        ?"总线开启失败"
    ENDIF
ELSE
    ?"总线扫描失败"
ENDIF
END
```

附录 C　虚拟按键定义

```
//字符按键，直接对应到 ASCII 码        ZKEY_7 = '7',
ZKEY_0 = '0',                          ZKEY_8 = '8',
ZKEY_1 = '1',                          ZKEY_9 = '9',
ZKEY_2 = '2',                          ZKEY_PLUS = '+',
ZKEY_3 = '3',                          ZKEY_POINT = '.',
ZKEY_4 = '4',                          ZKEY_MINUS = '-',
ZKEY_5 = '5',                          ZKEY_ENTER = '\n',
ZKEY_6 = '6',                          ZKEY_CLR = '\r', //清除
```

```
ZKEY_SPACE = ' ',
ZKEY_TAB = '\t',
ZKEY_BackSpace = 8, //退格


//其他辅助
ZKEY_DEL = 127, //标准删除按键
ZKEY_ESC = 27, //标准取消
ZKEY_MENU = 172, //菜单
ZKEY_CONTROL = 173,
ZKEY_PAGE = 174,
ZKEY_SWITCH = 175,


//暂时没有用到的
ZKEY_INS = 176, //插入
ZKEY_CAPS = 177, //大小写切换


//快捷按键
ZKEY_F1 = 128,
ZKEY_F2 = 129,
ZKEY_F3 = 130,
ZKEY_F4 = 131,
ZKEY_F5 = 132,
ZKEY_F6 = 133,
ZKEY_F7 = 134,
ZKEY_F8 = 135,
```

```
//启动,停止
ZKEY_START = 140, //启动按键
ZKEY_STOP = 141, //停止按键


//方向按键
ZKEY_LEFT = 145,
ZKEY_RIGHT = 146,
ZKEY_UP = 147,
ZKEY_DOWN = 148,


//JOG 按键
ZKEY_1LEFT = 150,
ZKEY_1RIGHT = 151,
ZKEY_2LEFT = 152,
ZKEY_2RIGHT = 153,
ZKEY_3LEFT = 154,
ZKEY_3RIGHT = 155,
ZKEY_4LEFT = 156,
ZKEY_4RIGHT = 157,
ZKEY_5LEFT = 158,
ZKEY_5RIGHT = 159,
ZKEY_6LEFT = 160,
ZKEY_6RIGHT = 161,
```

附录 D　追剪同步指令运动程序

```
// test_CamDlg. cpp :实现文件
//
#include " stdafx. h"
#include " test_Cam. h"
#include " test_CamDlg. h"
#include " afxdialogex. h"
#include " math. h"
#include " zauxdll2. h"

#ifdef _DEBUG
#define new DEBUG_NEW
#endif

ZMC_HANDLE g_handle = NULL;   //控制器链接句柄

#define PI 3. 1415926
#define MAX_POINT 720   //凸轮表点数
float fPointPos[ MAX_POINT];
//用于应用程序"关于"菜单项的
CAboutDlg 对话框
```

```cpp
class CAboutDlg：public CDialogEx
{
public：
    CAboutDlg()；

//对话框数据
    enum{ IDD = IDD_ABOUTBOX }；

    protected：

    virtual void
    DoDataExchange（CDataExchange *
pDX）；
    // DDX/DDV 支持

//实现
 protected：
    DECLARE_MESSAGE_MAP()
}；

    CAboutDlg：：CAboutDlg（）：CDialogEx
（CAboutDlg：：IDD）
    {
    }

    void
CAboutDlg：：DoDataExchange（CDataExchange
* pDX）
    {
        CDialogEx：：DoDataExchange（pDX）；
    }

    BEGIN _ MESSAGE _ MAP（CAboutDlg,
CDialogEx）
    END_MESSAGE_MAP()

    // Ctest_CamDlg 对话框
```

```cpp
    Ctest_CamDlg：：Ctest_CamDlg（CWnd *
pParent /* = NULL */）
        : CDialogEx（Ctest_CamDlg：：IDD,
pParent）
    {
        m_hIcon = AfxGetApp()->LoadIcon
（IDR_MAINFRAME）；
        m_AxisMaster = 0；
        m_Axis_Slave = 1；
        m_CamMoveSp = 100.0f；
        m_CamMoveDist = 1000.0f；
        m_SynMode = FALSE；
        m_MoveLinkPara[0][0] = 50.0；
        m_MoveLinkPara[0][1] = 100.0；
        m_MoveLinkPara[0][2] = 100.0；
        m_MoveLinkPara[0][3] = 0；

        m_MoveLinkPara[1][0] = 200.0；
        m_MoveLinkPara[1][1] = 200.0；
        m_MoveLinkPara[1][2] = 0；
        m_MoveLinkPara[1][3] = 0；

        m_MoveLinkPara[2][0] = 50.0；
        m_MoveLinkPara[2][1] = 100.0；
        m_MoveLinkPara[2][2] = 0.0；
        m_MoveLinkPara[2][3] = 100；

        m_MoveSLinkPara[0][0] = 50.0；
        m_MoveSLinkPara[0][1] = 100.0；
        m_MoveSLinkPara[0][2] = 0；
        m_MoveSLinkPara[0][3] = 1；

        m_MoveSLinkPara[1][0] = 200.0；
        m_MoveSLinkPara[1][1] = 200.0；
        m_MoveSLinkPara[1][2] = 1.0；
        m_MoveSLinkPara[1][3] = 1.0；

        m_MoveSLinkPara[2][0] = 50.0；
        m_MoveSLinkPara[2][1] = 100.0；
```

```
            m_MoveSLinkPara[2][2] = 1.0;
            m_MoveSLinkPara[2][3] = 0.0;
            m_LinkPos = 1000.0f;
            m_LinkSp = 100.0f;
    }
    void
Ctest_CamDlg::DoDataExchange(CDataExchange
* pDX)
    {
            CDialogEx::DoDataExchange(pDX);
            DDX_Control(pDX,
IDC_TABLELIST, m_PosList);
            DDX_Text(pDX,
IDC_AXIS_MASTER, m_AxisMaster);
            DDX_Text(pDX,
IDC_AXIS_SLAVE, m_Axis_Slave);
            DDX_Text(pDX,
IDC_MOVE_SP, m_CamMoveSp);
            DDX_Text(pDX,
IDC_MOVE_POS, m_CamMoveDist);


            for(int i = 0;i<4;i++)
            {
                DDX_Text(pDX,
IDC_LINKACC_PARA1 + i, m_MoveLinkPara
[0][i]);
                DDX_Text(pDX,
IDC_LINKSYN_PARA1 + i, m_MoveLinkPara
[1][i]);
                DDX_Text(pDX,
IDC_LINKDEC_PARA1 + i, m_MoveLinkPara
[2][i]);
                DDX_Text(pDX,
IDC_SLINKACC_PARA1 + i, m_MoveSLink-
Para[0][i]);
                DDX_Text(pDX,
IDC_SLINKSYN_PARA1 + i, m_MoveSLink-
Para[1][i]);
                DDX_Text(pDX,
IDC_SLINKDEC_PARA1 + i, m_MoveSLink-
Para[2][i]);
            }
            DDX_Radio(pDX,
IDC_SYN_MODE, m_SynMode);
            DDX_Text(pDX,
IDC_MOVE_POS2, m_LinkPos);
            DDX_Text(pDX,
IDC_MOVE_SP2, m_LinkSp);
    }


    BEGIN_MESSAGE_MAP(Ctest_CamDlg,
CDialogEx)
            ON_WM_SYSCOMMAND()
            ON_WM_PAINT()
            ON_WM_QUERYDRAGICON()
            ON_CBN_DROPDOWN(IDC_
IPLIST, &Ctest_CamDlg::OnCbnDropdownIplist)
            ON_BN_CLICKED(IDC_OPEN,
&Ctest_CamDlg::OnBnClickedOpen)
            ON_BN_CLICKED(IDC_
CLOSE, &Ctest_CamDlg::OnBnClickedClose)
            ON_WM_TIMER()
            ON_BN_CLICKED(IDC_MOVE_
STOP, &Ctest_CamDlg::OnBnClickedMoveStop)
            ON_BN_CLICKED(IDC_MOVE_
CAM, &Ctest_CamDlg::OnBnClickedMoveCam)
            ON_BN_CLICKED(IDC_MOVE_
SYN, &Ctest_CamDlg::OnBnClickedMoveSyn)
            ON_BN_CLICKED(IDC_STOP_
SYN, &Ctest_CamDlg::OnBnClickedStopSyn)
    END_MESSAGE_MAP()

    // Ctest_CamDlg 消息处理程序

    BOOL Ctest_CamDlg::OnInitDialog()
    {
            CDialogEx::OnInitDialog();
```

```
//将"关于..."菜单项添加到系统菜
单中。

// IDM_ABOUTBOX 必须在系统命令
范围内。
    ASSERT((IDM_ABOUTBOX & 0xFFF0)
= =IDM_ABOUTBOX);
    ASSERT(IDM_ABOUTBOX < 0xF000);

CMenu * pSysMenu
=GetSystemMenu(FALSE);
    if (pSysMenu ! = NULL)
    {
        BOOL bNameValid;
        CStringstrAboutMenu;
        bNameValid =
strAboutMenu.LoadString(IDS_ABOUTBOX);
        ASSERT(bNameValid);
        if(! strAboutMenu.IsEmpty())
        {
pSysMenu-> AppendMenu ( MF_SEPARA-
TOR);
pSysMenu-> AppendMenu ( MF_STRING,
IDM_ABOUTBOX, strAboutMenu);
        }
    }
//设置此对话框的图标。当应用程序
主窗口不是对话框时,框架将自动
    //执行此操作
    SetIcon(m_hIcon, TRUE);//设置大
图标
    SetIcon(m_hIcon, FALSE);//设置
小图标
    //TODO:在此添加额外的初始化代码
    ShowPswtichList();

    return TRUE;   //除非将焦点设置
到控件,否则返回 TRUE
    }
```

```
void
Ctest_CamDlg::OnSysCommand ( UINT nID,
LPARAM lParam)
{
    if((nID & 0xFFF0)= =IDM_ABOUTBOX)
    {
        CAboutDlgdlgAbout;
        dlgAbout.DoModal();
    }
    else
    {
CDialogEx::OnSysCommand(nID, lParam);
    }
}
//如果向对话框添加最小化按钮,则需要
下面的代码
    //来绘制该图标。对于使用文档/视图模
型的 MFC 应用程序,
    //这将由框架自动完成。

    void Ctest_CamDlg::OnPaint()
    {
        if (IsIconic())
        {
            CPaintDC dc(this); // 用于绘
制的设备上下文
            SendMessage ( WM_ICONER-
ASEBKGND,
reinterpret_cast < WPARAM > ( dc.GetSafeHdc
()), 0);

            //使图标在工作区矩形中居中
            int cxIcon =
GetSystemMetrics(SM_CXICON);
            int cyIcon =
GetSystemMetrics(SM_CYICON);
    CRectrect;
    GetClientRect(&rect);
    int x = (rect.Width()-cxIcon + 1)/2;
```

```
        int y = (rect. Height( )-cyIcon + 1)/2;
            // 绘制图标
                dc. DrawIcon(x, y, m_hIcon);
            }
        else
            {
                CDialogEx::OnPaint( );
            }
        }
    //当用户拖动最小化窗口时系统调用此
函数取得光标
    //显示。
    HCURSOR
Ctest_CamDlg::OnQueryDragIcon( )
        {
            return
static_cast<HCURSOR>(m_hIcon);
        }

    void
Ctest_CamDlg::OnCbnDropdownIplist( )    //下
拉搜索 IP
        {
            //自动搜索 IP 地址
            char buffer[10240];
            int32 iresult;
            //
            iresult =ZAux_SearchEthlist(buffer,
10230,100);
        if(ERR_OK ! = iresult)
            {
                return;
            }
            //
            CComboBox    *m_pEthList;

            m_pEthList = (CComboBox
*)GetDlgItem(IDC_IPLIST);
```

```
        if(NULL = = m_pEthList)
            {
                return;
            }
    //从字符串转换过来
        int ipos =0;
        const char * pstring;
        pstring = buffer;

        for(int j= 0; j< 20;j++)
            {
                char buffer2[256];
                buffer2[0] = '\0';

            //跳过空格
                while('' = = pstring[0])
                    {
                        pstring++;
                    }

                ipos =sscanf(pstring, "%s",
&buffer2);
                if(EOF = =ipos)
                    {
                        break;
                    }

                //跳过字符
                    while ((' ' ! = pstring
[0]) &&
('\t' ! = pstring[0]) && ('\0 ' ! = pstring
[0]))
                        {
                            pstring++;
                        }

                //
                if(CB_ERR ! =
m_pEthList->FindString(0, buffer2))
```

```cpp
            {
                continue;
            }
            if('\0' = = buffer2)
            {
                return;
            }

        //加入
    m_pEthList->AddString(buffer2);
        }

    return;
}

void Ctest_CamDlg::OnBnClickedOpen()
//连接
{
    char buffer[256];
    int32 iresult;

    if(NULL ! = g_handle)
    {
        ZAux_Close(g_handle);
        g_handle = NULL;
    }

        GetDlgItemText(IDC_IPLIST,buffer,
255);
    buffer[255] = '\0';

    iresult = ZAux_OpenEth(buffer, &g_
handle);
    if(ERR_SUCCESS ! = iresult)
    {
        g_handle = NULL;
        MessageBox(_T("链接失
败"));
        SetWindowText("未链接");
```

```cpp
        return;
    }

    SetWindowText("已链接");
    SetTimer(0,100,NULL);
}

void Ctest_CamDlg::OnBnClickedClose()
//断开
{
    if(NULL ! = g_handle)
    {
        KillTimer(0);  //关定时器
        ZAux_Close(g_handle);
        g_handle = NULL;
        SetWindowText("未链接");
    }
}

void
Ctest_CamDlg::OnTimer(UINT_PTR nIDE-
vent)  //定时器刷新
{

        CDialogEx::OnTimer(nIDEvent);
}

void Ctest_CamDlg::ShowPswtichList()
//TABLE 数据显示
{
        int cur_item =
m_PosList.GetItemCount();  //清除所有行
        for(int i = 0;i<cur_item;i++)
        {
            m_PosList.DeleteItem(0);
        }

        int cur_subitem =
m_PosList.GetHeaderCtrl()->GetItemCount();
```

```
//清除所有列
    for(int i = 0;i<cur_subitem;i++)
    {
        m_PosList.DeleteColumn(0);
    }

    m_PosList.InsertColumn(0,_T("编
号"),LVCFMT_CENTER,32);
    m_PosList.InsertColumn(1,_T("位
置"),LVCFMT_CENTER,120);
    m_PosList.SetExtendedStyle(LVS_EX
_FULLROWSELECT|LVS_EX_GRIDLINES);

    for (int iItem = 0; iItem < MAX_
POINT; iItem++)
    {
        m_PosList.InsertItem
(iItem,"");

        CStringtempstr;
        tempstr.Format(_T("%d"),
iItem);
        m_PosList.SetItemText(iItem,0,
tempstr);

        fPointPos[iItem] = iItem+
1000 * (1-cos(iItem * PI/180)); //生成
从轴位置曲线

        tempstr.Format(_T("%.3f"),
fPointPos[iItem]);
    m_PosList.SetItemText(iItem,1,tempstr);

    }
}


    void
Ctest_CamDlg::OnBnClickedMoveCam()  //
启动运动
```

```
{
    if(NULL == g_handle)
    {
        MessageBox(_T("控制器未连
接"));
        return;
    }
    int iret = 0;
    UpdateData(TRUE);
    //设置轴参数
    float AxisSlave_Units = 100;
    iret =
ZAux_Direct_SetUnits(g_handle,m_AxisMas-
ter,1000);
    iret =
ZAux_Direct_SetUnits(g_handle,m_Axis_
Slave,AxisSlave_Units);

    iret =
ZAux_Direct_SetTable(g_handle,0,MAX_
POINT,fPointPos);  //填写从轴凸轮轨迹
到 TABLE
    iret =ZAux_Direct_Cambox(g_handle,m_
Axis_Slave,0,MAX_POINT-1,AxisSlave_Units,
m_CamMoveDist,m_AxisMaster,0,0);  //调
用凸轮运动

    ZAux_Trigger(g_handle);
    iret =
ZAux_Direct_SetSpeed(g_handle,m_AxisMas-
ter,m_CamMoveSp);  //启动主轴运动
    iret =
ZAux_Direct_Single_Move(g_handle,m_Ax-
isMaster,m_CamMoveDist);
    }


    void
Ctest_CamDlg::OnBnClickedMoveStop()  //
停止运动
```

```
    {
        if( NULL = = g_handle )
        {
            MessageBox( _T( "控制器未连
接" ) );
            return;
        }
        int iret = 0;
        UpdateData( TRUE );
        iret =
ZAux_Direct_Single_Cancel( g_handle, m_Ax-
isMaster, 2 );

    }
    void
Ctest_CamDlg::OnBnClickedMoveSyn( )    //
同步运动
    {
        if( NULL = = g_handle )
        {
            MessageBox( _T( "控制器未连
接" ) );
            return;
        }
        int iret = 0;
        UpdateData( TRUE );
        if( m_SynMode = = FALSE )  //MOVELINK
        {
            iret =
ZAux_Direct_SetMerge( g_handle, m_Axis_
Slave, 1 );
    iret = ZAux_Direct_Movelink( g_handle,
m_Axis_Slave, m_MoveLinkPara[ 0 ][ 0 ], m_
MoveLinkPara[ 0 ][ 1 ], m_MoveLinkPara[ 0 ]
[ 2 ], m_MoveLinkPara[ 0 ][ 3 ], m_AxisMaster,
0, 0 );  //从轴加速运动自同步
            iret =
ZAux_Direct_MoveOp( g_handle, m_Axis_
Slave, 0, 1 );  //速度同步后打开飞剪
            iret =
ZAux_Direct_Movelink( g_handle, m_Axis_
Slave, m_MoveLinkPara[ 1 ][ 0 ], m_MoveLink-
Para[ 1 ][ 1 ], m_MoveLinkPara[ 1 ][ 2 ], m_
MoveLinkPara[ 1 ][ 3 ], m_AxisMaster, 0, 0 );
    //匀速同步跟随段
            iret =
ZAux_Direct_MoveOp( g_handle, m_Axis_
Slave, 0, 0 );  //关闭飞剪
            iret =
ZAux_Direct_Movelink( g_handle, m_Axis_
Slave, m_MoveLinkPara[ 2 ][ 0 ], m_MoveLink-
Para[ 2 ][ 1 ], m_MoveLinkPara[ 2 ][ 2 ], m_
MoveLinkPara[ 2 ][ 3 ], m_AxisMaster, 0, 0 );
    //减速段
        }
        else   //MOVESLINK
        {
            iret =
ZAux_Direct_SetMerge( g_handle, m_Axis_
Slave, 1 );
            iret =
ZAux_Direct_Moveslink( g_handle, m_Axis_
Slave, m_MoveSLinkPara[ 0 ][ 0 ], m_
MoveSLinkPara[ 0 ][ 1 ], m_MoveSLinkPara[ 0 ]
[ 2 ], m_MoveSLinkPara[ 0 ][ 3 ], m_AxisMaster,
0, 0 );  //从轴加速运动自同步
            iret =
ZAux_Direct_MoveOp( g_handle, m_Axis_
Slave, 0, 1 );  //速度同步后打开飞剪
            iret =
ZAux_Direct_Moveslink( g_handle, m_Axis_
Slave, m_MoveSLinkPara[ 1 ][ 0 ], m_
MoveSLinkPara[ 1 ][ 1 ], m_MoveSLinkPara[ 1 ]
[ 2 ], m_MoveSLinkPara[ 1 ][ 3 ], m_AxisMaster,
0, 0 );  //匀速同步跟随段
            iret =
ZAux_Direct_MoveOp( g_handle, m_Axis_
Slave, 0, 0 );  //关闭飞剪
```

```
        iret =
ZAux_Direct_Moveslink(g_handle,m_Axis_
Slave,m_MoveSLinkPara[2][0],m_
MoveSLinkPara[2][1],m_MoveSLinkPara[2]
[2],m_MoveSLinkPara[2][3],m_AxisMaster,
0,0);  //减速段
        }

        ZAux_Trigger(g_handle);
        iret =
ZAux_Direct_SetSpeed(g_handle,m_AxisMas-
ter,m_LinkSp);  //启动主轴运动,模拟触发
同步跟随,
        iret =
ZAux_Direct_Single_Move(g_handle,m_Ax-
isMaster,m_LinkPos);
    }
```

```
void
Ctest_CamDlg::OnBnClickedStopSyn()  //停
止运动
    {
        if(NULL == g_handle)
        {
            MessageBox(_T("控制器
未连接"));
            return;
        }
        int iret = 0;
        UpdateData(TRUE);
        iret =
ZAux_Direct_Single_Cancel(g_handle,m_Ax-
isMaster,2);
    }
```

附录 E 伺服轴状态值

通过 AXISSTATUS 指令查看轴的每一位状态值,从而获取轴当前的状态。值对应的位状态见附表 E-1。

附表 E-1 状态值说明

位	说明	打印值	
1	随动误差超限告警	2	2h
2	与远程轴通信出错	4	4h
3	远程驱动器报错	8	8h
4	正向硬限位	16	10h
5	反向硬限位	32	20h
6	找原点中	64	40h
7	HOLD 速度保持信号输入	128	80h
8	随动误差超限出错	256	100h
9	超过正向软限位	512	200h
10	超过负向软限位	1024	400h
11	CANCEL 执行中	2048	800h
12	脉冲频率超过 MAX_SPEED 限制需要修改降速或修改 MAX_SPEED	4096	1000h
14	机械手指令坐标错误	16384	4000h
18	电源异常	262144	40000h
21	运动中触发特殊运动指令失败	2097152	200000h
22	告警信号输入	4194304	400000h
23	轴进入了暂停状态	8388608	800000h

参 考 文 献

［1］ 阮毅，陈伯时. 电力拖动自动控制系统——运动控制系统［M］. 北京：机械工业出版社，2017.

［2］ 曲尔光，弓镛. 机床电气控制与 PLC［M］. 北京：电子工业出版社，2015.

［3］ 罗霄，罗庆生. 工业机器人技术基础与应用分析［M］. 北京：北京理工大学出版社，2018.

［4］ 宋永端. 工业机器人系统及其先进控制方法［M］. 北京：科学出版社，2019.

［5］ 兰虎. 工业机器人技术及应用［M］. 2 版. 北京：机械工业出版社，2019.

［6］ 邵欣，檀盼龙，李云龙. 工业机器人应用系统［M］. 北京：北京航空航天大学出版社，2017.

［7］ CRAIG JOHN J. 机器人学导论［M］. 贠超，王伟，译. 北京：机械工业出版社，2019.

［8］ 谢敏，钱丹浩. 工业机器人技术基础［M］. 北京：机械工业出版社，2020.

［9］ 蔡自兴，等. 机器人学基础［M］. 北京：机械工业出版社，2015.

［10］ 李慧，马正先，逄波. 工业机器人及零部件结构设计［M］. 北京：化学工业出版社，2017.

［11］ 邢美峰. 工业机器人电气控制与维修［M］. 北京：电子工业出版社，2016.